Olivier George

Neurobiologie de la mémoire et du sommeil au cours du vieillissement

Olivier George

Neurobiologie de la mémoire et du sommeil au cours du vieillissement

L'hypothèse d'une cause commune

Presses Académiques Francophones

Impressum / Mentions légales

Bibliografische Information der Deutschen Nationalbibliothek: Die Deutsche Nationalbibliothek verzeichnet diese Publikation in der Deutschen Nationalbibliografie; detaillierte bibliografische Daten sind im Internet über http://dnb.d-nb.de abrufbar.

Alle in diesem Buch genannten Marken und Produktnamen unterliegen warenzeichen-, marken- oder patentrechtlichem Schutz bzw. sind Warenzeichen oder eingetragene Warenzeichen der jeweiligen Inhaber. Die Wiedergabe von Marken, Produktnamen, Gebrauchsnamen, Handelsnamen, Warenbezeichnungen u.s.w. in diesem Werk berechtigt auch ohne besondere Kennzeichnung nicht zu der Annahme, dass solche Namen im Sinne der Warenzeichen- und Markenschutzgesetzgebung als frei zu betrachten wären und daher von jedermann benutzt werden dürften.

Information bibliographique publiée par la Deutsche Nationalbibliothek: La Deutsche Nationalbibliothek inscrit cette publication à la Deutsche Nationalbibliografie; des données bibliographiques détaillées sont disponibles sur internet à l'adresse http://dnb.d-nb.de.

Toutes marques et noms de produits mentionnés dans ce livre demeurent sous la protection des marques, des marques déposées et des brevets, et sont des marques ou des marques déposées de leurs détenteurs respectifs. L'utilisation des marques, noms de produits, noms communs, noms commerciaux, descriptions de produits, etc, même sans qu'ils soient mentionnés de façon particulière dans ce livre ne signifie en aucune façon que ces noms peuvent être utilisés sans restriction à l'égard de la législation pour la protection des marques et des marques déposées et pourraient donc être utilisés par quiconque.

Coverbild / Photo de couverture: www.ingimage.com

Verlag / Editeur:
Presses Académiques Francophones
ist ein Imprint der / est une marque déposée de
AV Akademikerverlag GmbH & Co. KG
Heinrich-Böcking-Str. 6-8, 66121 Saarbrücken, Deutschland / Allemagne
Email: info@presses-academiques.com

Herstellung: siehe letzte Seite /
Impression: voir la dernière page
ISBN: 978-3-8381-7636-9

Université Victor Segalen Bordeaux 2

Année : 2004   Thèse n° 1150

THESE

pour le

DOCTORAT DE L'UNIVERSITE BORDEAUX 2

Mention : Sciences Biologiques et Médicales

Option : Neurosciences et Pharmacologie

Présentée et soutenue publiquement le 14 décembre 2004

par

Olivier GEORGE

Troubles de la mémoire liés au sommeil au cours du vieillissement : mise en évidence d'une pathologie du système cholinergique pontique

Membres du Jury

Président

M. Yves AGID   Professeur à l'Université de Paris 6
Praticien Hospitalier, Chef de service, Fédération de
Neurologie, La Pitié-Salpétrière, INSERM, Paris

Examinateurs

Mme Elisabeth HENNEVIN   Professeur à l'Université de Paris 10, CNRS, Orsay
Rapporteur

M. Michaël SCHUMACHER   Directeur de Recherche, INSERM, Le Kremlin Bicêtre
Rapporteur

M. Denis VIVIEN   Professeur à l'Université de Caen, CNRS, Caen
Examinateur

M. Michel LE MOAL   Professeur à l'Université de Bordeaux 2,
Institut Universitaire de France, INSERM, Bordeaux
Examinateur

M. Willy MAYO   Chargé de Recherche, INSERM, Bordeaux
Directeur de Thèse

Those who dream by day are cognizant of many things which escape those who dream only by night.

Edgar Allan Poe, "Eleonora"

The light of memory, or rather the light that memory lends to things, is the palest light of all. I am not quite sure whether I am dreaming or remembering, whether I have lived my life or dreamed it. Just as dreams do, memory makes me profoundly aware of the unreality, the evanescence of the world, a fleeting image in the moving water.

Eugene Ionesco, Present Past - Past Present

En souvenir de Claude et Jean-Jacques.

Remerciements

Tout d'abord, je voudrais exprimer ma profonde reconnaissance à Monsieur le Professeur Michel Le Moal pour m'avoir formé, guidé et soutenu depuis le début de cette aventure scientifique et humaine. Vous m'avez fait aimer la neuropsychologie grâce à votre ami « Greycat » et son verre de Whisky, permis de découvrir le dur métier de la recherche, avec le principe de ses trois demi-journées et montré la beauté d'une démonstration scientifique lors de nos réunions d'articles. Je suis arrivé dans votre laboratoire avec une « cécité intellectuelle », j'espère après ces années passées à votre contact avoir recouvré en partie la vue.

Je tiens à remercier Madame le Professeur E. Hennevin et Monsieur le Docteur M. Schumacher qui m'ont fait l'honneur d'être les rapporteurs de cette thèse. Je tiens également à remercier Monsieur le Professeur Y. Agid qui me fait l'honneur d'être président du jury ainsi que Monsieur le Professeur D. Vivien pour avoir accepté d'être membre du jury en tant qu'examinateur.

Merci à Monsieur le Docteur Pier Vincenzo Piazza pour son aide et son soutien durant toute cette thèse. Je tiens également à le remercier pour son flegme lors de certaines réunions houleuses surtout lorsque j'étais à l'origine des turbulences atmosphériques, vous m'avez ainsi montré l'importance, dans la recherche scientifique, d'une argumentation précise et d'une pensée « froide » (je sais... le mot est trop connoté).

Je voudrais tout particulièrement remercier le Docteur Willy Mayo de m'avoir fait confiance dès le début et d'avoir été mon directeur de stage en licence, en maîtrise, en DEA et finalement en thèse. Son aide, sa rigueur scientifique, son soutien, son ouverture d'esprit et finalement son humour me furent précieux tout au long de ces années. Le criquet te remercie.

Je voudrais également remercier trois femmes d'exceptions qui ont particulièrement compté dans la réalisation de cette thèse, Sonia Darbra (la Catalane), Monique Vallée (la San Diegane) et Martine Kharouby (la Casteloléronnaise) pour leur collaboration, leurs conseils, leur joie de vivre et leur réconfort dans les moments tendus. Un merci tout particulier à Martine qui a toujours été à mes côtés techniquement et moralement. Merci également au mâle dominant de l'équipe, Sergio Vitiello qui a pris un grand plaisir à intégrer les 12288 pics en GC/MS, surtout ceux de la testostérone...

A Nora Abrous pour son aide précieuse dans le labyrinthe de l'immunohisto et la découverte des Smack 2 et Smack 3.

A Jean-Michel Revest et Pierre Kitchener pour avoir démystifié le monde de la biomol et permis la découverte des Smad 2 et Smad 3.

A Françoise Rougé-Pont et Muriel Petit pour leur aide dans la « Haute Plomberie Logiquement Chaotique » (HPLC) qu'il fallait un temps faire tourner 24/24 et 7/7 tout en étant capable de sortir des blagues à chaque instant.

Merci à Isabelle Batby, Anne Leroux, Mireille Rivière, Catherine Aurousseau et Anne Grel, pour l'affection que vous m'avez porté, à tel point que mon chef en était jaloux...

Merci à tous mes autres collègues de travail, Valérie Lemaire, Marie Françoise Montaron, Guillaume Drutel, Francesco Di Blasi, Véronique Deroche-Gamonet. A Jean-Marc et Eric, toujours là pour donner un coup de main et discuter autour d'un café que je n'avais ni préparé... ni payé... mea culpa.

A tous mes véritables compagnons de galère du labo, ceux qui ont quitté le navire ; mon copiole Arnaud (un jour t'auras ton labo et tu pourra écouter AC/DC à fond), Micky Benneton (faut que t'arrête avec tes cheveux), Elodie la New Yorkaise et Delphine la Schtroumpfette, ceux qui bientôt mettront les voiles ; Fred VTA (je sais ta souris a encore claqué au moment où ...), le p'tit David (tu peux me réexpliquer t'étais pas très clair...), David Biscuits (vivement Cambridge), Pierre le surfeur (et le roi des blots), Francesco le dragueur, Rixt VHS (tu pourras monter un vidéoclub après ta thèse...) et finalement celle qui reste même en cas de tempête pour tenir ce navire, Muriel Working Girl (heureusement que t'étais là le soir pour nous remonter le moral...).

A Steph, Agnès, Nico, Fred et Guigui, on aura formé ensemble une bien belle brochette d'étudiants sans avenir, on a tous fait un vœux il y a quelques années, certains n'y croyaient pas mais on l'a tout de même réalisé ensemble, merci à vous et surtout ENJOY ! your Post-Doc as our Californian friend (Lolotte you're just awesome).

A Fabrice, Alex, Marie, Maud et Steph, la brochette vous a saoulé pendant des heures avec ses angoisses et ses histoires de labo sans fin, merci pour votre patience et votre amitié.

A Jojo, Emilie, Sabine et François, simplement pour ce que vous êtes, mes amis.

A M. Dauphin et M. Bové pour leur exigence, leur enseignement et pour m'avoir sorti de l'eau au moment où ils auraient pu me laisser couler.

Je tiens à remercier mes parents, ma famille, Max, So, Antoine, Géraldine, Hervé, Chloé, Martine et Bensouingue pour leur soutien tout au long de ces années et tout particulièrement à mon amour, Marie.

La liste ne serait pas tout à fait complète sans mes petits compagnons Sprague et Dawleys sans qui la recherche ne serait rien, un grand pardon pour toutes ces années passées ensemble et celles à venir.

Enfin un non-remerciement aux constructeurs de disques durs, Western Digital, Lacie, Fujitsu, Maxtor et Nikimi, incapables de fabriquer du matériel suffisamment résistant à mon goût. Qu'ils trouvent ici l'expression de mes ressentiments les plus acides.

Liste des publications

Liste des publications et communications

Publications

George O., Parduz A., Dupret D., Le Moal M., Piazza P.V., Mayo W. *TGFβ signalling-dependent degeneration of cholinergic pedunculopontine neurons as a pathophysiological mechanism of age-related sleep-dependent memory impairments.* En soumission à Neuron.

George O. *, Vallée M*., Vitiello S., Kharouby M., Le Moal M., Piazza P.V., Mayo W. *Steroid concentrations in the PPT predicts age-associated sleep/memory impairments.* En soumission à Proc. Nat. Acad. Sci. *Co-premiers auteurs

Darbra S.*, George O.*, Bouyer J.J., Piazza P.V., Le Moal M., Mayo W. *Sleep-Wake States et Cortical Synchronization Control by Pregnenolone Sulfate Into the Pedunculopontine Nucleus.* Journal of Neuroscience Research. 2003. 76:742-747. *Co-premiers auteurs

Mayo W., George O., Darbra S., Bouyer JJ., Vallée M., Darnaudéry M., Pallares M., Lemaire-Mayo V., Le Moal M., Piazza PV. Abrous N. *Individual differences in cognitive aging: implication of pregnenolone sulfate.* Progress in Neurobiology. 2003. 71(1):43-8

Vallée M., George O., Vitiello S., Le Moal M., Mayo W. *New insights into the role of neuroactive steroids in cognitive aging.* Experimental Gerontology. 2004. (In press).

Communications

George O., Bouyer J.J., Piazza P.V., Le Moal M. et Mayo W. *Association between sleep et cognitive disturbances in aging: involvement of the PPT.* Society for Neuroscience (SFN), San Diego, 2004.

George O., Bouyer J.J., Piazza P.V., Le Moal M. et Mayo W. Association *between sleep et cognitive disturbances in aging: involvement of the PPT.* European Brain et Behaviour Society (EBBS), Barcelone. 2003.

George O., Bouyer J.J., Piazza P.V., Le Moal M. et Mayo W. *Association between sleep et cognitive disturbances in aging: involvement of the PPT.* The paradox of sleep: international meeting in honor of Michel Jouvet, Lyon. 2003.

George O., Darbra S., Bouyer J.J., Piazza P.V., Le Moal M. et Mayo W. *Infusion of pregnenolone sulphate into the pedunculopontine tegmental nucleus induces a delayed increase of paradoxical sleep in the rat.* Federation of European Neuroscience Societies, Paris, 2002.

Résumé

RESUME

Les origines des troubles mnésiques non démentiels observés au cours du vieillissement sont peu connus. Ces troubles pourraient résulter de l'altération primaire d'autres fonctions neuropsychologiques, et en particulier, les troubles du sommeil, en raison de leur forte prévalence dans la population âgée et de l'implication du sommeil dans la consolidation de la mémoire.

L'objectif de ce travail de thèse était de mettre en évidence, chez le rongeur, une liaison physiopathologique entre les altérations du cycle veille-sommeil liées à l'âge et les altérations mnésiques, par des approches comportementales, électrophysiologiques, anatomiques et moléculaires. Les principaux résultats de ce travail démontrent que 33% à 66% des troubles de la mémoire explicite liés à l'âge sont explicables par l'altération primaire du cycle veille-sommeil. Nous montrons également que ces altérations sont associées à une fragmentation du sommeil lent et à une dégénérescence des neurones cholinergiques du noyau pédonculopontin du tegmentum (PPT). Enfin, Au niveau moléculaire nous avons mis en évidence que deux mécanismes de régulation du PPT, la voie de synthèse des neurostéroïdes et la voie du transforming growth factor β (TGFβ) sont également altérées.

En conclusion, ces résultats montrent pour la première fois l'existence d'une liaison physiopathologique entre les altérations du cycle veille-sommeil liées à l'âge et les altérations de la mémoire explicite. Cette liaison aurait comme base neuropathologique la dégénérescence spécifique des neurones cholinergiques du PPT qui dépendrait à la fois d'une atteinte de la voie TGFβ et de la stéroïdogenèse centrale.

Mots clés : acétylcholine, facteurs trophiques, mémoire, neurostéroïdes, noyau pédonculopontin, rat, rythme circadien, sommeil, vieillissement.

INSERM U.588, Physiopathologie du Comportement
Institut François Magendie. 1, rue Camille Saint-Saëns
33077 Bordeaux Cedex

Abstract

ABSTRACT

Very little is known about the origins of mild memory deficits such as age-associated memory impairments. It has been suggested that multiple, distinct factors can cause these memory declines. Among these factors, sleep disorders have been frequently evoked in light of their high prevalence in the aged population.

Taking advantage of a relevant animal model, we investigated the pathophysiological mechanisms of age-related sleep dependent memory impairments at a behavioral, structural and molecular level. Our results demonstrated that in some aged subjects, age-related spatial memory impairments were secondary to alterations of the sleep/wake circadian rhythm resulting in a specific fragmentation of slow wave sleep. We show that subjects with sleep dependent memory impairments also exhibited a specific degeneration of cholinergic neurons in the pedunculopontine nucleus, a structure involved in the regulation of sleep and cognitive functions. Finally, we demonstrated that two pathways involved in the regulation of the PPT (namely regulation by neurosteroids and transforming growth factor β) are also altered.

Taken together these results indicate that "age-related sleep dependent memory impairments" could be a new class of age-related memory impairments and suggest that a degeneration of the pedunculopontine nucleus involving a dysregulation of neurosteroids and transforming growth factor β pathways could be a pathophysiological mechanism for these deficits.

Keywords: acetylcholine, aging, circadian rhythm, memory, neurosteroids, pedunculopontine nucleus, rat ,sleep, trophic factors.

INSERM U.588, Physiopathologie du Comportement
Institut François Magendie. 1, rue Camille Saint-Saëns
33077 Bordeaux Cedex

Table des Matières

TABLE DES MATIERES

Avant Propos

AVANT PROPOS

En 2004, sur les 62 millions de Français, on dénombre un total de 21 millions d'individus de plus de 50 ans, soit 33% de la population. Les sujets de plus de 65 ans sont 10 millions (16%) et ceux de plus de 85 ans 1 million (2%) (Source : INSEE, janvier 2004). Au cours du vieillissement -et en excluant les pathologies neurodégénératives classiques comme la démence sénile de type Alzheimer- on observe un nombre élevé d'altérations cognitives touchant principalement certains types de mémoires. Cependant l'hétérogénéité des effets du vieillissement dans l'apparition des troubles mnésiques est particulièrement flagrante. Ainsi on estime qu'entre 20 et 50% des individus âgés de 65 ans et plus souffrent de déficits mnésiques et que tous ne sont pas atteints avec la même intensité. Ces désadaptations posent un problème important de santé publique en raison de la gêne occasionnée à l'individu âgé et du coût que cela représente pour la société. C'est pourquoi l'étude clinique et fondamentale des bases neurobiologiques des déficits mnésiques non démentiels reste un enjeu majeur.

Parallèlement à ces altérations mnésiques, on observe chez la personne âgée une altération très importante du cycle veille-sommeil. Pendant longtemps ces troubles du sommeil ont été considérés séparément des troubles de la mémoire du fait de la méconnaissance des fonctions cognitives du sommeil. Cependant les récentes avancées de la recherche fondamentale dans ce domaine suggèrent que les troubles du sommeil et de la mémoire pourraient être reliés de façon causale.

Ce travail de thèse a pour objectif de mettre en évidence, par des approches comportementales, électrophysiologiques, anatomiques et moléculaires, une liaison physiopathologique entre les altérations du cycle veille-sommeil liées à l'âge et les altérations mnésiques non démentielles et de préciser qu'elles pourraient être les bases neurobiologiques de ces troubles dans un modèle animal.

Introduction

INTRODUCTION

I. Altérations mnésiques liées à la sénescence

Avant d'aborder l'étude des altérations mnésiques observées au cours du vieillissement nous rappellerons la diversité des systèmes de mémoires car ces derniers sont altérés de façon différentielle avec l'âge.

A. Rappel sur les différents systèmes de mémoires

La description des processus mnésiques a considérablement évolué depuis cinquante ans principalement par les apports successifs de la neuropsychologie, de la psychologie cognitive, de l'imagerie cérébrale, de la neurobiologie et de la biologie moléculaire (Kandel et Pittenger, 1999; White et McDonald, 2002). Si la mémoire humaine a longtemps été considérée comme la capacité d'évoquer un évènement passé dans le champ de la conscience, cette définition demeurait trop restrictive car elle ne prenait pas en compte la dimension temporelle (le fait que certaines mémoires ne perdurent pas dans le temps), ni l'ensemble des mémoires inconscientes régissant en fait la plus grande partie de notre vie (Derouesné et al., 1998). Il est maintenant admis qu'il existe différents types de mémoire. Une première distinction repose sur la dimension temporelle de la trace mnésique, ce qui permet d'identifier des mémoires à court terme (MCT) pour lesquelles la trace mnésique n'est pas maintenue sur une période longue (< minute) et des mémoires à long terme (MLT) pour lesquelles la trace mnésique peut subir une consolidation et être ainsi conservée sur de longues périodes (jours, mois, années). Une seconde distinction repose sur la nature consciente ou inconsciente du processus de rappel de la trace mnésique. On distingue alors une mémoire déclarative/explicite (nécessitant un rappel conscient de l'information) et une mémoire non-déclarative/implicite (pouvant être rappelée de façon totalement inconsciente) (Figure 1). Ces distinctions ont conduit à l'élaboration de différents modèles du fonctionnement de la mémoire, comme les modèles procéduraux, connexionistes et architecturaux (Derouesné et al., 1998). Les modèles procéduraux considèrent la mémoire comme un processus unitaire, le caractère plus ou moins durable des souvenirs ainsi que leur plus ou moins grande accessibilité serait fonction du nombre et des types de traitements utilisés pour encoder l'information et la restituer. Les modèles connexionistes décrivent des mémoires sous forme d'entités statistiques, distribuées dans le système nerveux, considéré comme un réseau. Enfin, les modèles architecturaux considèrent la mémoire non plus comme une entité unique mais postulent l'existence de systèmes de mémoires localisés de façon discrète dans le cerveau (relation structure-fonction). Il est cependant probable qu'un modèle mixte représente mieux les processus mnésiques ; ainsi les processus mnésiques seraient distribués à certains niveaux de traitement de l'information et dissociés ou ré-unitarisés à d'autres niveaux correspondant à des structures cérébrales précises.

Les modèles qui dominent actuellement la neuropsychologie clinique et expérimentale sont les modèles architecturaux développés à partir de l'observation clinique de patients atteints de lésions cérébrales focalisées, chez qui l'on observe des dissociations dans la nature des altérations mnésiques (Cohen et Squire, 1980; Squire, 1998; Squire et Zola, 1996; Tulving, 1987). Ces modèles décrivent les différentes mémoires comme un ensemble intégré de systèmes et de sous-systèmes se distinguant par leur but (mémorisation à court terme ou long terme), leurs règles de fonctionnement spécifiques (traitements parallèles mais différentiels des informations) et la structure neuronale qui les sous-tend. Nous allons présenter les modèles architecturaux qui sont à l'heure actuelle les plus admis en neuropsychologie.

1) Mémoires à court terme

Le système de MCT correspond à des mémoires qui ne peuvent pas être maintenues dans le temps de façon prolongée (habituellement de l'ordre de quelques secondes à quelques minutes). On distingue, d'une part, un ensemble de mémoires à court terme implicites qui serait le pendant de la MLT implicite et, d'autre part, une MCT accessible de façon explicite, appelée mémoire de travail. La mémoire de travail est classiquement décrite sous la forme d'un système comprenant un « processeur central », assisté de deux systèmes esclaves : la « boucle phonologique et le « calepin visuo-spatial » (Baddeley, 2003). La mémoire de travail possède une capacité de stockage limitée (il s'agit de l'empan mnésique correspondant à 7 ± 2 items) et elle permet également la manipulation de cette information. Ces informations mémorisées à court terme pourraient également servir la mémoire épisodique et sémantique via un « tampon épisodique » (Baddeley, 2003) (Figure 1). Des données obtenues à partir de l'imagerie cérébrale et de l'observation clinique de patients atteints de lésions cérébrales focalisées suggèrent que les différentes composantes de la mémoire de travail seraient sous-tendues par des régions cérébrales distinctes (Baddeley, 2003). Ainsi le « processeur central » serait plutôt implémenté par le cortex préfrontal dorsolatéral (Aire de Broadman (AB) 9/46), la « boucle phonologique » par la région du cortex temporopariétal gauche (AB 6/40/44) et le « calepin visuo-spatial » par le cortex pariétal inférieur (AB 40), le cortex prémoteur droit (AB 6) et le cortex occipital extrastrié (AB 19).

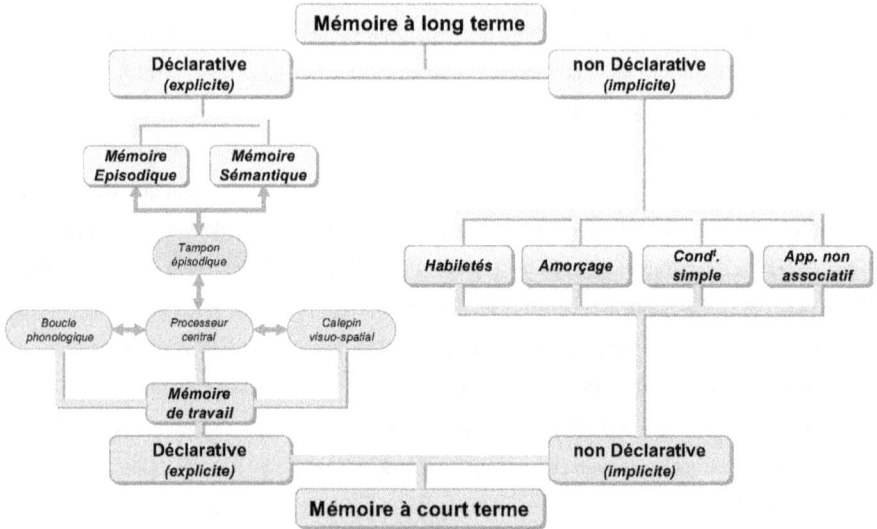

Figure 1. Les différents systèmes de mémoires chez l'homme.

*Il est possible de distinguer chez l'homme deux grands types de mémoire en fonction de **la durée de la trace mnésique** : la mémoire à long terme (en jaune) et la mémoire à court terme (en bleu). Au sein de chaque système il est possible de différencier en fonction de **la nature du traitement** de l'information, des mémoires déclaratives ou explicites (mémoire épisodique, sémantique et mémoire de travail) et des mémoires non déclaratives ou implicites (habiletés, amorçage, conditionnement simple, apprentissage non associatif). La mémoire de travail est elle-même décomposable en plusieurs composants (en gris) qui sont le processeur central, la boucle phonologique, le calepin visuo-spatial et le tampon épisodique. Références : Baddeley, 2003; Squire, 1998; Squire et Zola, 1996; Tulving, 1987.*

2) Mémoires à long terme

Le système de MLT correspond à des mémoires qui peuvent être maintenues dans le temps de façon prolongée (jours, mois, années). Une première dichotomie au sein du système de MLT est définie par le fait que certaines mémoires nécessitent un rappel conscient (explicite) des évènements et des faits (également dénommées mémoires déclaratives car elles peuvent être verbalisées) alors que d'autres mémoires sont activées de façon inconsciente (implicite) au travers d'une amélioration de performances (également dénommées mémoires non déclaratives car elles ne peuvent pas être verbalisées) (Figure 1).

Au sein des mémoires déclaratives on distingue, d'une part, la mémoire épisodique (mémorisation d'informations concernant un évènement situé au sein d'un contexte spatio-temporel, par exemple le souvenir d'une soutenance de thèse passée entre amis) et, d'autre part, la mémoire sémantique (mémorisation d'informations concernant les connaissances factuelles sur le monde et' sur la personne indépendemment du contexte, par exemple le souvenir des noms de pays). Au sein des mémoires non déclaratives on retrouve un ensemble hétérogène de capacités d'apprentissage tel que le conditionnement simple (qui s'exprime par une réponse émotionnelle ou musculaire), l'amorçage perceptif, les habiletés perceptivo-motrices (telles que l'apprentissage d'un sport) et les apprentissages non associatifs (tels que l'habituation, la sensibilisation et les réflexes).

De nombreux travaux suggèrent que ces différentes mémoires dépendent du fonctionnement de différentes structures cérébrales, amenant ainsi le concept « structure-fonction » des systèmes de mémoire. Ainsi les mémoires épisodique et sémantique seraient plutôt dépendantes du lobe temporal médian, l'acquisition d'habiletés perceptivo-motrices du striatum dorsal, le conditionnement simple de l'amygdale et du cervelet, l'amorçage du néocortex et les apprentissages non associatifs des voies réflexes neuromusculaires (Cohen et Squire, 1980; Squire, 1998; Squire et Zola, 1996; Tulving, 1987). Rappelons cependant que l'association d'une structure cérébrale avec une fonction mnésique donnée ne signifie pas que cette structure soit suffisante à l'élaboration complète de la trace mnésique et à son rappel, mais qu'elle en est un maillon nécessaire.

3) Les différentes phases de la MLT

L'élaboration de la mémoire à long terme n'est pas un processus unitaire et elle peut être décomposée en plusieurs phases distinctes : l'encodage, la stabilisation, la consolidation, le rappel, la reconsolidation et l'oubli (Dudai et Eisenberg, 2004; Vertes, 2004; Walker et Stickgold, 2004; Wiltgen et al., 2004). Au cours de l'encodage, les informations pertinentes pour l'individu vont être sélectionnées, traitées et mises en relation afin d'aboutir à une représentation mentale et cérébrale qui sera mémorisée dans un stock à court terme comme la mémoire de travail. Une fois cette étape effectuée l'information pourra être oubliée ou consolidée en mémoire à long terme. La consolidation correspond à un processus durant lequel la mémoire va devenir progressivement plus résistante aux interférences (de quelque nature qu'elles soientt), aboutissant à une mémoire stabilisée. Deux types de consolidation semblent exister, la consolidation dépendante de l'éveil pendant laquelle la trace mnésique va être stabilisée et la consolidation dépendante du sommeil pendant laquelle la trace mnésique va être renforcée de sorte que son rappel soit facilité (cette consolidation dépendante du sommeil sera abordée plus en détail dans le chapitre II-D). L'information consolidée peut être rappelée soit par un processus explicite (volontaire, guidé par le sujet), soit par un processus implicite (involontaire, guidé par un indice de rappel). Enfin, une fois le rappel effectué l'information est de nouveau sensible aux interférences et nécessite donc une phase de reconsolidation afin d'être à nouveau stabilisée en mémoire à long terme.

B. Altérations mnésiques liées à la sénescence

Le vieillissement n'affecte pas de la même manière les différents systèmes de mémoire. Il est généralement admis que l'ensemble des mémoires implicites, qu'elles soient à long terme ou à court terme, est peu ou pas altéré au cours du vieillissement (Jelicic, 1995; Parkin, 1993). De même on observe un déclin très modeste de la mémoire sémantique et de la taille de l'empan mnésique de la mémoire de travail (Burke et Mackay, 1997; Grady et Craik, 2000). A l'opposé, il apparaît que les processus de manipulation de l'information en mémoire de travail et de mémorisation de type épisodique à long terme sont fortement altérés au cours du vieillissement (Burke et Mackay, 1997; Grady et Craik, 2000). Cependant, la grande majorité des recherches s'est focalisée sur les altérations générales (moyennes) au sein d'une population, négligeant de ce fait l'hétérogénéité des capacités mnésiques des sujets âgés. Ces études ont donc souvent comparé des groupes non homogènes (Rogers et Fisk, 1991). L'hétérogénéité des effets du vieillissement dans l'apparition des troubles mnésiques est cependant particulièrement flagrante (Craik, 1977; Flicker et al., 1985; Rapp et Amaral, 1992). Certains individus présentent des altérations sévères de la mémoire entraînant une perte d'autonomie de l'individu, d'autres souffrent de troubles modérés et enfin la majeure partie des individus ont une mémoire préservée. Afin de caractériser ces différentes sous populations, plusieurs classifications ont été proposées.

Le premier groupe est celui des individus atteints de démences. Ces démences peuvent être d'origine neurodégénérative, vasculaire, métabolique ou traumatique. Le type de démence le plus répandu est la maladie d'Alzheimer (MA) qui représente plus des deux tiers du total des démences (Figure 2) et sa prévalence (proportion d'individus atteints) dans la population occidentale représente globalement de 5% à 10% des personnes âgées de plus de 65 ans (Bachman et al., 1992; Bachman et al., 1993; Gao et al., 1998; Petersen et al., 2001).

L'incidence annuelle (nombre de nouveaux cas apparus chaque année, rapporté au nombre de patients à risque pendant cette période) est de l'ordre de 1% à 8% (Figure 2). La MA est

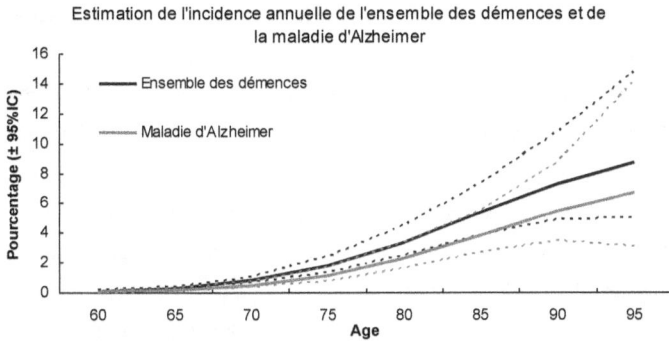

Figure 2. Incidence annuelle de l'ensemble des démences et de la maladie d'Alzheimer d'après une méta-analyse (12 études depuis 1991) (Gao et al.1998).

L'incidence de la maladie d'Alzheimer représente près des deux tiers du total des démences et se situe entre 1% et 8% des personnes âgées de plus de 65 ans. Le graphique représente l'évolution de l'incidence annuelle de l'ensemble des démences et de la maladie d'Alzheimer en fonction de l'âge (en pointillé est représenté l'intervalle de confiance à 95%).

caractérisée par une dégénérescence de certaines régions cérébrales impliquées dans les processus mnésiques telles que les lobes frontaux et temporaux. Son diagnostic définitif est réalisé *post-mortem* par l'analyse histopathologique du cerveau et par la démonstration d'un nombre élevé de dégénérescences neurofibrillaires et de plaques séniles. La recherche des origines de la MA a fait l'objet de nombreuses études tant au niveau environnemental, cérébral, cellulaire que génétique. Si l'on ne connaît toujours pas exactement l'origine de la MA de nombreuses études ont permis d'émettre un grand nombre d'hypothèses (pour revue voir Mattson, 2004; Price et Sisodia, 1994; Selkoe et Podlisny, 2002).

En revanche peu d'avancées ont été réalisées quand à l'origine des troubles mnésiques modérés. Ceci est en partie dû au fait que la caractérisation cognitive d'une sous-population d'individus atteints de troubles modérés de la mémoire est difficile et c'est pourquoi différentes catégorisations ont été proposées depuis une vingtaine d'années (DeCarli, 2003; Petersen, 2003). Ces classifications peuvent êtres séparées en trois groupes en fonction de leur but, c'est-à-dire caractériser :

1. Des individus atteints de troubles cognitifs généralisés. Il s'agit de la définition des « Age-Associated Cognitive Decline (AACD) » dont la prévalence se situe autour de 20% de la population âgée (>65 ans) occidentale (Levy, 1994; Richards et al., 1999). Le critère

d'inclusion est la présence d'un trouble cognitif quel qu'il soit (ajusté par rapport à l'âge). L'inclusion dans cette catégorie ne nécessite donc pas forcément l'existence d'un trouble de mémoire car il suffit de posséder un trouble de l'attention, du langage, de la concentration ou des fonctions exécutives. C'est pourquoi son utilisation ne permet pas l'étude des origines des troubles mnésiques modérés liés à l'âge.

2. Des individus atteints de troubles mnésiques au stade prodromique des différentes démences. Il s'agit de la définition des « Mild Cognitive Impairments (MCI) » dont la prévalence se situe entre 1% et 10% de la population âgée (>65 ans) occidentale (DeCarli, 2003; Petersen et al., 2001; Petersen, 2003). Les critères d'inclusion sont la présence subjective et objective d'altérations mnésiques ajustées par rapport à l'âge et au niveau d'éducation de l'individu ainsi que l'absence d'autres troubles cognitifs et la préservation des activités quotidiennes. Cette catégorisation (la plus restrictive de toutes) permettrait de détecter des individus dans des phases très précoces (prodromiques) de la MA car les individus MCI ont une progression vers la MA plus importante que la population générale ou même que les autres catégories. En moyenne, le taux de conversion vers la MA est de 2 à 10 fois plus important, passant de 1-8% par an dans la population générale à 10-15% par an chez les individus MCI. Cette classification ajuste les troubles mnésiques par rapport à l'âge de l'individu de façon à déceler au sein des individus âgés ceux qui présentent des pathologies qui s'additionnent aux troubles de la mémoire liés à l'âge. Cette classification semble donc à la fois trop restrictive et trop proche des stades prodromiques des démences pour être utilisée dans l'étude des origines des troubles mnésiques modérés liés à l'âge et qui ne conduisent pas nécessairement à une démence.

3. Des individus atteints de troubles mnésiques liés au vieillissement mais sans progression vers la démence sénile. Il s'agit de la définition des « Age-Associated Memory Impairments (AAMI) » dont la prévalence se situe entre 20% et 60% de la population âgée (>50 ans) occidentale (Barker et al., 1995; Crook et al., 1986; Hanninen et al., 1996; Koivisto et al., 1995; Schroder et al., 1998). Les critères d'inclusion sont la présence subjective et objective d'altérations mnésiques par rapport à un individu jeune (classiquement est qualifié d'AAMI un sujet présentant une mesure de fonction mnésique située au moins 1 écart-type en dessous de la valeur de sujets jeunes).

Il apparaît clairement que ces définitions peuvent se recouper, au moins partiellement ; un même individu peut en effet être classé dans les 3 classifications en même temps. De plus il a été montré que les diagnostics d'AAMI et de MCI n'était pas stables selon les individus (entre 20% et 40% des individus ne sont plus diagnostiqués comme tels après un suivi de 3 à 5 ans) (Larrieu et al., 2002; Ritchie et al., 2001; Unverzagt et al., 2001), ce qui suggère qu'une partie de ces troubles mnésiques pourrait être la conséquence d'autres perturbations transitoires (anxiété, dépression, troubles de l'éveil et du sommeil). L'utilisation même des groupes AACD, MCI et AAMI a été fortement critiquée de part leur manque de stabilité et la faiblesse de leurs critères de diagnostic (O'Brien et Levy, 1992; Smith et al., 1991). Ces catégorisations ont cependant permis de montrer que, 1) d'importantes différences individuelles existent dans l'étendue des troubles mnésiques liés à l'âge, 2) ces altérations ont une forte prévalence dans la population générale, 3) elles ne conduisent pas majoritairement à une démence sénile et, 4) il doit exister une hétérogénéité importante dans leur étiologie.

C. Origines des troubles mnésiques non démentiels

Très peu de travaux ont évalué les corrélats neurobiologiques des troubles mnésiques modérés (en excluant les travaux chez les individus atteints de troubles modérés mais aboutissant à une démence). Cependant, il est possible de dégager deux grandes hypothèses. La première considère que les troubles mnésiques modérés liés à l'âge résultent exclusivement de l'altération des systèmes neuronaux impliqués dans la mémoire explicite, tels que la formation hippocampique et le cortex préfrontal. La seconde hypothèse considère que les troubles mnésiques résultent en partie de pathologies comorbides (concomitantes du trouble mnésique) et donc que les substrats neuronaux impliqués seraient ceux de la fonction primaire altérée.

1) Altérations des systèmes neuronaux impliqués dans la mémoire

Plusieurs auteurs ont tenté de relier les troubles mnésiques chez des sujets AAMI ou MCI à des altérations morphologiques de l'hippocampe, du cortex préfrontal, du cortex entorhinal et de l'amygdale. Cependant ces études ont conduit à des résultats contradictoires, voire opposés (Golomb et al., 1994; Golomb et al., 1996; Hanninen et al., 1997; Raz et al., 1998; Rodrigue et Raz, 2004a; Soininen et al., 1994; Sullivan et al., 1995). Une seule étude à pu montrer que le taux annuel d'atrophie du cortex entorhinal prédisait les altérations mnésiques (après un suivi de 5 ans) mais cette étude était biaisée par le fait qu'il s'agissait d'une population d'individus âgés sélectionnés pour leur haut niveau d'éducation et l'absence de maladies comorbides, donc non représentative de la population générale âgée (Rodrigue et Raz, 2004b). Plus généralement il a été suggéré que les déficits mnésiques liés à l'âge pouvaient provenir d'altérations des systèmes cholinergiques et noradrénergiques centraux

(Bartus et al., 1982; McEntee et Crook, 1990) qui sont majoritairement impliqués dans la régulation du sommeil, de l'éveil et du contrôle néocortical (Jones, 1991). Ces résultats soulignent bien le fait que les populations étudiées sont trop hétérogènes et qu'il est nécessaire de mieux catégoriser les sous-populations constituantes avant d'étudier l'origine neurobiologique des troubles mnésiques.

2) L'hypothèse de la comorbidité

Compte tenu que les AAMI ont une forte prévalence au sein de la population âgée et que le vieillissement est associé à un grand nombre de comorbidités neuropsychologiques (Lyketsos et al., 2002), il est vraisemblable que les déficits mnésiques modérés résultent entre autres de pathologies comorbides. De plus comme nous l'avons vu, il a été montré que les diagnostics d'AAMI et de MCI étaient instables (20% à 40% de conversion à la normale en 5 ans), montrant ainsi que les altérations mnésiques peuvent être transitoires (Larrieu et al., 2002; Ritchie et al., 2001; Unverzagt et al., 2001) suggérant que ces altérations pourraient être la conséquence d'autres perturbations (anxiété, dépression, troubles de l'éveil et du sommeil). Il est donc possible d'envisager que ces troubles mnésiques proviennent de maladies comorbides interagissant fonctionnellement avec le processus de mémorisation. Le caractère transitoire ou permanent de ces troubles pourrait être expliqué par le degré d'atteinte de ces maladies comorbides primaires.

D. Approche expérimentale chez l'animal

La modélisation chez l'animal des troubles mnésiques humains liés à l'âge est une nécessité si l'on veut explorer l'origine des troubles et ainsi améliorer le développement de traitements thérapeutiques efficaces. Il est possible de modéliser chez le rat des tests de mémoire utilisés chez l'humain en appliquant les critères de distinction des différents systèmes de mémoires définis chez l'humain (Figure 3).

Ainsi les tests de mémoire épisodique peuvent être modélisés chez l'animal en utilisant des tests que l'animal ne peut résoudre qu'en effectuant un rappel d'informations contextualisées et mémorisées à long terme, comme dans le test du labyrinthe aquatique avec une plateforme immergée et un délai supérieur à la capacité de rétention de la mémoire de travail (typiquement 24h). Les tests de mémoire de travail peuvent être modélisés chez l'animal en utilisant des tests que l'animal peut résoudre sans consolidation à long terme mais uniquement en effectuant un rappel d'informations contextuelles (indices distaux) obtenues

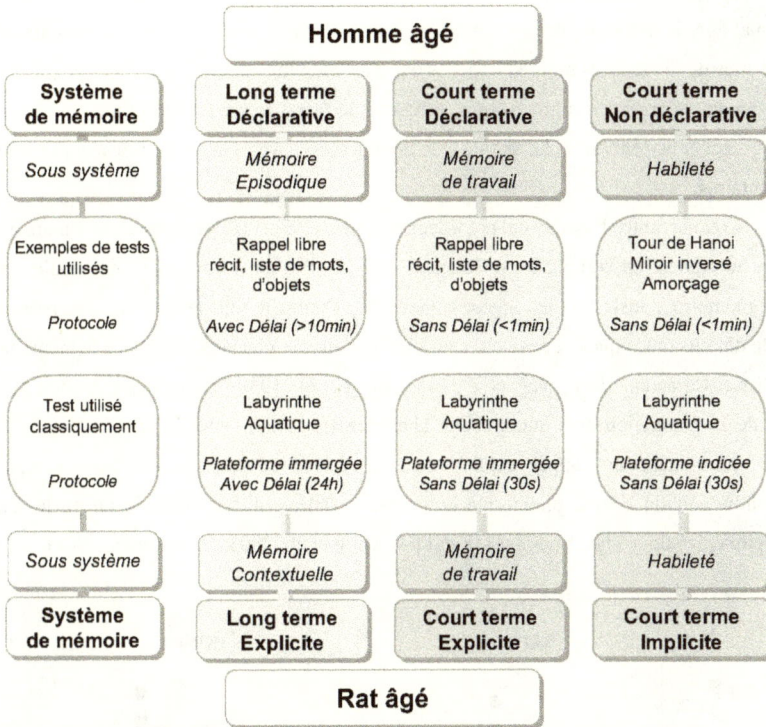

Figure 3. Modélisation chez le rongeur des tests mnésiques utilisés chez l'homme.

Certaines épreuves chez l'animal permettent d'évaluer les différentes formes de mémoires. L'utilisation du test du labyrinthe aquatique par exemple permet, en variant les protocoles, d'évaluer la mémoire explicite à long terme et à court terme ainsi que la mémoire implicite à court terme chez le rat.

quelques secondes avant le test, comme dans le test du labyrinthe aquatique avec une plateforme immergée et un délai inférieur à 30 secondes. Enfin, les tests de mémoire implicite peuvent être modélisés chez l'animal en utilisant des épreuves que l'animal peut résoudre soit avec un rappel guidé par un indice pertinent donné par l'expérimentateur, comme dans le test du labyrinthe aquatique avec une plateforme immergée et indicée localement (rappelant ainsi l'amorçage), soit par un apprentissage sensori-moteur comme dans le test du labyrinthe aquatique avec une plateforme immergée et sans indices (rappelant ainsi les habiletés perceptivo-motrices). Il existe de nombreux autres tests de mémoire chez le rat, cependant le labyrinthe aquatique reste actuellement le plus utilisé et le plus reconnu. Il permet en effet de dissocier correctement ces trois types de mémoire en ne faisant varier que très peu les protocoles et donc en minimisant au maximum les perturbations aspécifiques telles que l'anxiété, la modalité sensorielle ou les capacités sensori-motrices de l'animal. De plus, chez l'animal âgé, la nature de ce test (environnement aquatique aversif pour le rat) minimise les problèmes de différences motivationnelles entre les individus pour réaliser la tâche puisque la très grande majorité des animaux âgés recherche de façon active la plateforme pour sortir de l'eau ; ceci n'est en revanche pas le cas pour les épreuves basées sur des renforcements alimentaires.

Comme nous l'avons vu précédemment il est crucial d'utiliser chez l'animal une approche prenant en compte les différences individuelles quant aux effets du vieillissement sur la mémoire. Ainsi, chez le rongeur comme chez l'humain, tous les individus ne présentent pas de déficits mnésiques et ceux qui en présentent ne sont pas tous atteints de la même façon (Collier et Coleman, 1991; Gage et al., 1984; Jiang et al., 1989). Généralement, entre 30% et 50% de la population âgée montre une altération très importante de la mémoire dans les tâches nécessitant un rappel explicite d'informations contextualisées (dans le test du labyrinthe aquatique avec plateforme immergée et indices distaux chez le rat ou le test de mémoire épisodique chez l'homme) (Figure 4) (Gron et al., 2003; Vallée et al., 2001).

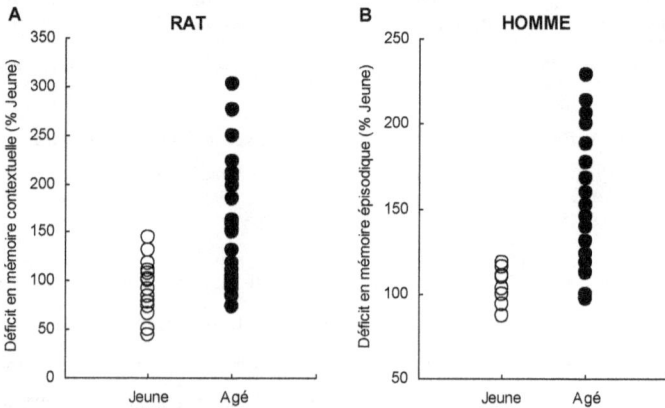

Figure 4. Chez le rat comme chez l'homme il existe d'importantes différences individuelles dans les déficits mnésiques liés au vieillissement.

(A) Déficits en mémoire contextuelle chez le rat, évalués dans le test du labyrinthe aquatique avec plateforme immergée et indices distaux, adapté de Vallée et al. 2001. (B) Déficits en mémoire épisodique chez l'homme, évalués par le « california verbal learning test » , adapté de Gron et al. 2003. Les valeurs correspondent à une normalisation par rapport aux performances des individus jeunes (100%) de façon à pouvoir comparer les deux espèces. On peut noter la très grande similarité des distributions.

De plus, comme chez l'homme, on observe chez le rat âgé une préservation des capacités d'apprentissage implicite (dans le test du labyrinthe aquatique avec plateforme indicée localement) (Erickson et Barnes, 2003; Foster, 1999). Le rat âgé apparaît donc comme un modèle extrêmement pertinent pour modéliser les altérations modérées de la mémoire liées à l'âge, sans progression vers une démence de type MA (Barnes, 1987; Gallagher, 1997; Gallagher et Pelleymounter, 1988), d'autant plus que le rat ne développe pas de pathologie de type MA (plaques amyloïdes et dépôts neurofibrillaires).

E. Conclusions

Comme nous l'avons vu, le vieillissement humain s'accompagne d'altérations de la mémoire entraînant un problème important de santé publique compte tenu de la proportion croissante de personnes âgées dans les populations occidentales. Entre 20% et 50% des personnes âgées de 65 ans et plus souffrent d'altérations mnésiques touchant principalement la mémoire déclarative (explicite). La très grande majorité de ces individus ne développera pas de pathologies conduisant à une démence sénile de type Alzheimer et ne présente pas d'altérations importantes des structures classiquement impliquées dans les processus mnésiques (lobe temporal médian, cortex préfrontal). Les troubles neuropathologiques qui sous-tendent ces déficits mnésiques sont à ce jour mal connus. En raison du grand nombre de comorbidités neuropsychologiques présenté par ces sujets (Lyketsos et al., 2002), il est vraisemblable que les déficits mnésiques modérés résultent en partie de pathologies associées. Parmi celles-ci, les troubles du sommeil pourraient être particulièrement impliqués dans les altérations mnésiques liées à l'âge vue leur prépondérance chez la personne âgée et le rôle probable du sommeil dans la consolidation de la mémoire.

II. Rôle du sommeil dans les altérations mnésiques liés à la sénescence

A. Rappel sur le cycle veille-sommeil

Le sommeil est une fonction physiologique essentielle, rythmique et adaptative. Il est défini opérationnellement comme un comportement spécifique durant lequel l'organisme adopte une posture caractéristique (habituellement caractérisée par un repli sur soi accompagné d'un relâchement musculaire) et pendant lequel l'organisme diminue sa réactivité aux stimuli externes par rapport aux phases d'éveil (EV). Le sommeil n'est pas un processus unitaire mais se différencie en deux grandes entités, le sommeil lent (SL) et le sommeil paradoxal (SP). Différentes caractéristiques polysomnographiques différencient ces trois stades ; la polysomnographie (PSG) est composée de l'électroencéphalographie (EEG), l'électromyographie (EMG) et parfois l'électrooculographie (EOG) (Figure 5). Une analyse

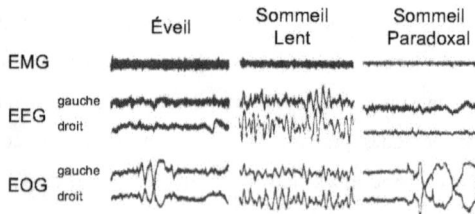

Figure 5. Différenciation des trois principaux états de vigilance par polysomnographie (Hobson et Pace-Schott, 2002).

L'enregistrement polysomnographique permet de différencier les trois principaux états de vigilance. L'éveil (EEG rapide de faible amplitude et EMG de forte amplitude), le sommeil lent (EEG lent de forte amplitude et EMG de faible amplitude) et le sommeil paradoxal (EEG identique à l'éveil avec une atonie musculaire et des mouvements oculaires (EOG)).

polysomnographique avancée permet également de différencier quatre stades successifs au sein du SL (Figure 6). Cependant il est important de rappeler que ces stades ne sont pas des entités électrophysiologiques pures et indépendantes les unes des autres. Au contraire il s'agit d'un continuum, l'EEG évoluant le plus souvent de façon progressive d'un stade à l'autre. Cependant cette classification est très pratique et a permis de faire évoluer de façon très significative la compréhension des mécanismes sous-tendant le sommeil. Ainsi l'identification des différents niveaux de vigilance chez l'homme fait l'objet d'une convention internationale dont les critères résumés sont les suivants (Rechtschaffen et Kales, 1968) :

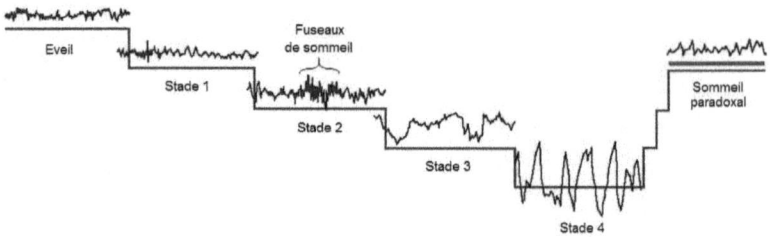

Figure 6. Différenciation des quatre stades de sommeil lent par électroencéphalographie (Pace-Schott et Hobson, 2002).

Le sommeil lent est un continuum de quatre stades correspondant à un approfondissement progressif du sommeil avec l'apparition successive de fuseaux de sommeil et d'ondes lentes pouvant aboutir à un épisode de sommeil paradoxal.

Au cours de l'EV on observe une désynchronisation corticale de faible amplitude avec une prédominance du rythme alpha (8-12Hz), associée à des mouvements oculaires rapides et une activité musculaire importante (Figure 5).

Au cours du SL de stade 1, on observe des fréquences EEG mixtes de relativement faible voltage, avec prédominance d'ondes thêta (4-7 Hz). A partir du SL de stade 2 on observe une diminution progressive de la désynchronisation corticale au profit d'une augmentation de la quantité de fuseaux de sommeil (12-15Hz) (*Sleep spindle*) et de l'amplitude d'ondes lentes delta (0-4Hz), associée à l'apparition de « complexes K » pour obtenir un SL profond (stades 3 et 4). Ces phénomènes sont associés à une diminution du tonus musculaire et des mouvements oculaires. Au cours du SL de stade 3 et 4 (autrement appelé SL profond ou sommeil à ondes lentes) l'EEG est occupé successivement par 20% à 50% d'ondes delta de grande amplitude (SL stade 3) et par plus de 50% d'ondes delta de grande amplitude (SL de stade 4).

Au cours du SP (autrement appelé *Rapid Eye Movement Sleep* : *REM sleep*) on retrouve globalement le même type de désynchronisation corticale et de mouvements oculaires que pendant l'EV, mais associés cette fois à l'absence totale de tonus musculaire et à l'apparition d'évènements phasiques représentés par des ondes ponto-géniculo-occipitales (PGO). Chez le rongeur ce stade est caractérisé par un intense rythme thêta hippocampique.

La régulation du sommeil est extrêmement complexe ; elle implique l'ensemble des grands systèmes physiologiques périphériques et centraux de l'individu. Il est cependant important de connaître les trois processus principaux. Le premier est un processus homéostasique qui va adapter la quantité et surtout la qualité du sommeil en fonction du temps passé au stade éveillé précédent, c'est le concept du sommeil « réparateur ». Ainsi une privation de sommeil importante entraîne un rebond compensatoire de sommeil. Le second est un processus circadien/ultradien qui va réguler l'organisation temporelle du sommeil au cours de la journée et l'adapter en fonction de l'environnement (Hobson et Pace-Schott, 2002; Pace-Schott et Hobson, 2002). Enfin, le troisième processus est lui plus controversé car découvert depuis peu ; il s'agit de la régulation de la quantité et de la qualité du sommeil, non par le temps passé au stade éveillé précédent, mais par le type d'activité mentale réalisée au stade éveillé précédent le sommeil. Il s'agit des relations réciproques entre les processus mnésiques d'une part et le sommeil d'autre part (ces relations seront abordées plus en détail dans le chapitre II-D).

La régulation du sommeil subit de profonds changements au cours du vieillissement. On observe une altération de la régulation circadienne du sommeil ainsi qu'une perturbation de la structure même des différents stades du sommeil.

B. Altérations hypniques liées à la sénescence

1) Amplitude et phase du cycle circadien

Les rythmes circadiens biologiques sont une partie essentielle du fonctionnement d'un être vivant. Chez l'humain comme chez le rongeur, on observe au cours du vieillissement une altération de l'ensemble des rythmes circadiens. La plus marquante des altérations est celle qui touche le cycle circadien de veille et de sommeil car ce dernier conditionne l'ensemble de nos comportements. Ainsi près de 40% des personnes âgées se plaignent de troubles du rythme circadien de veille-sommeil (Dagan, 2002; Ingram et al., 1982; Mignot et al., 2002). Au cours du vieillissement on observe une diminution importante de l'amplitude du cycle veille-sommeil ainsi qu'une avance de phase (Ingram et al., 1982; Myers et Badia, 1995; Rosenberg et al., 1979; Stone, 1989; Van Someren, 2000). La diminution de l'amplitude du cycle veille-sommeil est provoquée par la désorganisation temporelle des épisodes de veille et de sommeil au cours de la journée. On observe des réveils nocturnes et des endormissements diurnes excessifs. L'avance de phase est observée quant à elle par le fait que les individus âgés peuvent avoir un endormissement et un réveil précoce par rapport aux habitudes de la population générale (typiquement 1 heure ou 2 heures d'avance).

2) Éveil et sommeil lent

Au cours du vieillissement normal (en dehors de pathologies lourdes telles les démences), on assiste pendant la veille à une diminution des activités électrocorticales les plus lentes au profit d'une désynchronisation corticale de plus en plus présente (Duffy et al., 1984). La modification la plus commune dans le sommeil est une augmentation des éveils entraînant une fragmentation des épisodes de SL. Les épisodes de SL sont ainsi plus nombreux, d'une durée raccourcie et d'un stade plus léger (Floyd, 2002a) car associés à une diminution de l'amplitude et de la fréquence des ondes lentes au cours des stades 3 et 4 du SL (Clement et al., 2003; Kirov et Moyanova, 2002; Mendelson et Bergmann, 1999; Reynolds, III et al., 1991). De même, on observe au cours du vieillissement une diminution de la fréquence d'apparition des fuseaux de sommeil au cours du SL ainsi qu'une diminution de leur amplitude et de leur durée (Guazzelli et al., 1986).

3) Sommeil paradoxal

Les données de la littérature concernant le SP sont plus contradictoires puisque certaines ne décrivent pas de modifications au cours du vieillissement (Kirov et Moyanova, 2002; Kupfer et al., 1982; Prinz et al., 1982; Reynolds, III et al., 1983), alors que d'autres suggèrent une réduction de sa durée (Clement et al., 2003; Hayashi et Endo, 1982a; Hayashi et Endo, 1982b; Kales et al., 1967). Cependant, une analyse approfondie de cette littérature fait plutôt ressortir une diminution du temps passé en SP au cours du vieillissement (Pandi-Perumal et al., 2002; Wauquier, 1993).

En résumé, chez l'humain comme chez le rongeur, on observe une altération du cycle veille-sommeil au cours du vieillissement. Cette altération est caractérisée majoritairement par une diminution de l'amplitude du cycle circadien. Cette baisse serait la conséquence d'une fragmentation du sommeil due à un sommeil lent plus léger et à une diminution des stades de sommeil paradoxal. Il est difficile à ce jour d'étudier précisément l'origine et les conséquences des troubles du sommeil liés à l'âge, car contrairement aux troubles mnésiques il n'existe pas de classifications spécifiques de ces troubles. Ainsi on utilise les classifications des troubles du sommeil et du rythme circadien du sommeil définies pour la population générale.

C. Nosologie des altérations du sommeil

Il existe trois grandes catégories de troubles du sommeil chez l'humain, les dyssomnies, les parasomnies et les troubles associés à d'autres comorbidités. Les dyssomnies sont soit des difficultés à initier ou à maintenir un sommeil, soit à l'opposé une tendance excessive à s'endormir. Les parasomnies sont le plus souvent des troubles de l'activation de la musculature squelettique ou du système nerveux autonome qui vont perturber le sommeil en interrompant le processus de sommeil. Les troubles associés à d'autres comorbidités peuvent provenir de troubles mentaux, neurologiques ou périphériques. L'ensemble des troubles du sommeil selon la « Classification Internationale des Troubles du Sommeil » est présenté dans le tableau 1 (American Academy of Sleep Medicine, 2001). Seuls les troubles les plus fréquemment observés chez la personne âgée seront discutés par la suite (notés en rouge dans le tableau 1).

1) Dyssomnies intrinsèques et Parasomnies

Insomnie idiopathique : Il s'agit du trouble le plus fréquent chez la personne âgée, sa prévalence étant estimée à 40% au delà de 60 ans. Elle est définie par une incapacité à initier ou à maintenir le sommeil. L'insomnie provoque des réveils nocturnes et une tendance à l'endormissement diurne très importante. Elle est généralement chronique chez la personne âgée (la durée du trouble est souvent supérieure à 6 mois).

Les troubles de la respiration du sommeil : Ils apparaissent le plus souvent au-delà de 40-60 ans. Le syndrome d'apnée obstructive du sommeil (SAOS) est dû à l'arrêt partiel ou complet du flux d'air dans les voies aériennes supérieures (oropharynx) alors que le syndrome d'apnée centrale du sommeil (SACS) est dû un à un arrêt respiratoire. Enfin le ronflement est dû à une obstruction incomplète des voies aériennes supérieures.

Les troubles des mouvements du sommeil : Il s'agit de troubles très fréquents chez la personne âgée, leur prévalence est estimée à près de 30% au delà de 60 ans. Le syndrome des mouvements périodiques du sommeil (*Periodic Legs Movements : PLM*) est caractérisé par des mouvements périodiques et stéréotypés des membres pendant le sommeil. Le syndrome des jambes sans repos (*Restless Legs Syndrome : RLS*) est caractérisé lui par une sensation désagréable dans les jambes, le plus souvent pendant l'endormissement, causant un irrémédiable besoin de bouger les jambes entraînant des difficultés à s'endormir.

Troubles du sommeil

Dyssomnies

Intrinsèques	Extrinsèques	Désordres du rythme circadien du sommeil
Insomnie psychophysiologique	Mauvaise hygiène du sommeil	Syndrome de décalage horaires
Mauvaise perception du sommeil	Trouble environnemental du sommeil	Trouble du sommeil par le travail décalé
Insomnie idiopathique	Insomnie d'altitude	Cycle veille-sommeil fragmenté
Narcolepsie	Trouble d'ajustement du sommeil	Syndrome de retard de phase
Hypersomnie récurrente	Syndrome d'insuffisance du sommeil	Syndrome d'avance de phase
Hypersomnie idiopathique	Refus de sommeil	Syndrome du rythme de sommeil différent de 24h
Hypersomnie post traumatique	Trouble associé à l'endormissement	
Syndrome d'apnée obstructive du sommeil	Insomnie liée à une allergie à la nourriture	
Syndrome d'apnée centrale du sommeil	Syndrome de la consommation nocturne	
Syndrome d'hypoventilation centrale alvéolaire	Trouble du sommeil par hypnotiques	
Syndrome des mouvements périodiques du sommeil	Trouble du sommeil par stimulants	
Syndrome des jambes sans repos	Trouble du sommeil par toxines	
	Trouble du sommeil par l'alcool	

Parasomnies

Troubles de l'éveil	Troubles des transitions veille-sommeil	Troubles du sommeil paradoxal	Autres
Trouble de l'éveil confus	Troubles des mouvements rythmiques	Cauchemars	Bruxisme
Somnambulisme	Troubles des contractions de l'endormissement	Paralysie du sommeil	Enuresis
Trouble de terreurs du sommeil	Trouble de la parole du sommeil	Troubles de l'érection du sommeil	Trouble de la déglutition
	Crampes nocturne	Trouble du comportement du sommeil paradoxal	Dystonie paroxysmique nocturne
		Trouble de l'arrêt des sinus	Syndrome de la mort subite
			Ronflement primaire
			Syndrome d'hypoventilation centrale congénitale

Comorbidités

Mentales	Neurologiques	Autres
Psychose	Trouble dégénératif central	Ischémie cardiaque nocturne
Troubles de l'humeur	Démence	Maladie pulmonaire obstructive chronique
Anxiété	Parkinsonisme	Asthme
Trouble panique	Insomnie fatale familiale	Reflux gastro-oesophagien
Alcoolisme	Epilepsie	Fibromyalgie
	Migraine	

Tableau 1. Troubles du sommeil (American Academy of Sleep Medicine, 2001).

Les troubles du sommeil sont différenciés en trois catégories : les dyssomnies, les parasomnies et les troubles associés à d'autres comorbidités. En rouge figurent les troubles observés fréquemment chez la personne âgée.

Les troubles du comportement du sommeil paradoxal : Ce trouble est caractérisé par la perte de l'atonie musculaire observée pendant le sommeil paradoxal, associée à l'apparition de mouvements élaborés. La très grande majorité des patients atteints de ce syndrome ont 60 ans ou plus, cependant il peut arriver à tout âge.

2) Désordres du rythme circadien du sommeil

A ce jour, aucune étude épidémiologique n'a recensé précisément l'étendue des désordres du rythme circadien du sommeil dans la population âgée (Dagan, 2002). Ceci est, entre autre, dû au fait qu'il est nécessaire d'effectuer des enregistrements chroniques, soit polysomnographiques, soit actigraphiques, assez complexes à mettre au point à grande échelle. Il est également nécessaire de prendre en compte pour chaque individu les conditions environnementales capables d'influencer le rythme circadien du sujet (telle la luminosité ambiante), ainsi que les consommations médicamenteuses (l'utilisation d'hypnotiques). Cependant on observe tout de même un nombre important de syndrome d'avance de phase et de cycle veille-sommeil fragmenté chez la personne âgée.

Syndrome d'avance de phase : Ce syndrome est caractérisé chez un grand nombre d'individus âgés par un coucher et un lever précoces par rapport aux habitudes de la population générale (avec une incapacité à se rendormir). Cependant ce syndrome ne semble pas entraîner de perturbations importantes de la qualité du sommeil, ni du comportement de l'individu. C'est d'ailleurs pour cette raison qu'il est très peu diagnostiqué dans la population générale (prévalence de l'ordre de 1%) (Figure 7C).

Cycle veille-sommeil fragmenté : Ce trouble se traduit par une désorganisation temporelle des épisodes de veille et de sommeil au cours de la journée. On observe ainsi des éveils nocturnes et des endormissements diurnes fréquents, entraînant une fragmentation du sommeil et une diminution de l'amplitude du cycle circadien, malgré une quantité totale normale de sommeil (Figure 7).

L'ensemble de ces troubles du sommeil pourrait influencer, chez la personne âgée, les processus de mémorisation de l'information, étant donnée l'implication du sommeil dans la consolidation de la mémoire.

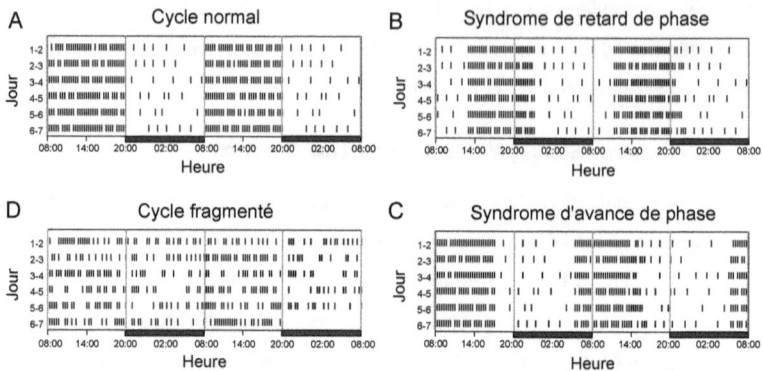

Figure 7. Représentation actographique des principaux troubles du cycle veille sommeil chez la personne âgée.

L'évaluation des troubles du cycle veille-sommeil est réalisée à partir de la représentation actographique de l'activité motrice du sujet pendant plusieurs jours. Chaque ligne correspond à deux jours successifs et chaque trait signifie la présence d'une activité motrice par période de vingt minutes. La barre noire inférieure correspond à la période nocturne. (A) Actogramme d'un sujet sain. On distingue bien la transition jour/nuit au moment du changement nocturne/diurne. (B et C) Actogrammes de sujets atteints du syndrome de retard (B) ou d'avance (C) de phase. Dans les cas représentés ici, la transition jour/nuit est retardée ou avancée de 3 heures par rapport au cycle normal. (D) Actogramme d'un sujet avec un cycle fragmenté. On distingue mal les transitions nocturne/diurne, l'activité étant répartie de façon quasi homogène tout au long du nycthémère.

D. Rôle du sommeil dans la mémorisation

1) Arguments en faveur d'un rôle du sommeil

Un nombre important d'arguments joue en faveur de l'implication du sommeil dans la consolidation de la mémoire. La dénomination de « processus mnésiques dépendants du sommeil » ou de « processus cognitifs du sommeil » à été proposée afin de distinguer le rôle direct et nécessaire du sommeil dans la consolidation de l'information à long terme, du rôle indirect du sommeil via la modulation d'autres processus tel le niveau attentionnel ou l'état émotionnel de l'individu (Maquet, 2001; Siegel, 2001; Stickgold et al., 2001; Stickgold et Walker, 2004; Walker et Stickgold, 2004). L'existence de ces processus mnésiques dépendants du sommeil a été montrée chez un grand nombre d'espèces. Il a été démontré que :

1. La privation de SL et/ou de SP altérait la consolidation de la mémoire explicite et implicite.

2. Un apprentissage explicite ou implicite modifiait les caractéristiques du SL et du SP subséquents. Ces expériences ont montré une augmentation de la durée des épisodes de SL et de SP ainsi qu'une modification des évènements phasiques du sommeil, tels que les fuseaux de sommeil ou les ondes ponto-géniculo-occipitales (PGO).

3. Certaines structures cérébrales impliquées dans un apprentissage peuvent être réactivées au cours des épisodes suivants de SL et de SP (cette réactivation a été montrée par des analyses électrophysiologiques et d'imagerie cérébrale).

Les hypothèses actuelles proposent que le sommeil serait impliqué dans la consolidation et la reconsolidation (après un rappel) de la mémoire par la réactivation des réseaux neuronaux préalablement activés pendant l'apprentissage. Cette réactivation permettrait un transfert cortical de l'information pour un stockage à long terme. Ce processus de consolidation serait sous le contrôle des systèmes neuronaux impliqués dans la régulation du sommeil.

2) Systèmes neuronaux impliqués

Les systèmes neuronaux impliqués dans la consolidation de la mémoire par le sommeil découlent de la mise en évidence d'une réactivation neuronale au cours du sommeil de structures précédemment activées durant un apprentissage. Plusieurs études chez l'animal ont montré une réactivation des neurones de l'hippocampe pendant le SL et le SP après une tâche de mémoire implicite ou explicite (Gerrard et al., 2001b; Kali et Dayan, 2004; Kudrimoti et al., 1999; Louie et Wilson, 2001; Skaggs et McNaughton, 1996; Wilson et McNaughton, 1994). Un modèle théorique des interactions hippocampe-néocortex prédit également cette réactivation neuronale dans le cas de la consolidation de la mémoire explicite (Kali et Dayan, 2004). Ceci était suspecté étant donnée l'importance de ces deux structures dans la consolidation de la mémoire. En revanche, les structures impliquées dans le sommeil ont été très peu étudiées. Ainsi, une étude chez l'homme révèle par imagerie cérébrale (tomographie à émission de positons), qu'après un apprentissage implicite, les régions réactivées pendant le SP étaient le cuneus (cortex occipital), le cortex prémoteur, le thalamus et la région ponto-mésencéphalique (Maquet et al., 2000). De plus, une étude chez l'animal montre que la région ponto-mésencéphalique générant les ondes ponto-géniculo-occipitales (PGO) est cruciale dans la consolidation de la mémoire implicite par le sommeil (Datta et al., 1998). Ceci montre que les régions cérébrales impliquées dans la régulation du sommeil (région ponto-mésencéphalique et thalamique) jouent un rôle crucial dans la consolidation de la trace mnésique. Au sein de ces régions, un seul ensemble neuronal est capable à la fois de contrôler le néocortex pendant le sommeil de par ses projections sur le thalamus et de contrôler les ondes PGO par ses projections sur le locus subcoeruleus α. Il s'agit des neurones cholinergiques du noyau pédunculopontin du tegmentum (PPT), noyau situé dans la région ponto-mésencéphalique (Hobson, 1992). Il est donc probable que les neurones cholinergiques du PPT soient impliqués dans la consolidation mnésique dépendante du sommeil.

E. Conclusions

Comme nous l'avons vu, au cours du vieillissement on observe une altération du cycle veille-sommeil caractérisée principalement par une diminution de l'amplitude du cycle circadien et par une fragmentation du sommeil lent. Ces troubles du sommeil pourraient jouer un rôle prépondérant dans les déficits mnésiques de la sénescence puisqu'il est maintenant démontré qu'une partie des processus de consolidation de la mémoire est effectuée pendant le sommeil lent et le sommeil paradoxal. De plus il semble que les neurones cholinergiques du PPT pourraient être plus particulièrement impliqués dans cette consolidation mnésique. Enfin, si une partie des perturbations mnésiques liées à la sénescence résulte d'altérations du cycle veille-sommeil alors une atteinte des neurones du PPT pourrait être en partie responsable de ces troubles.

III. Le noyau pédonculopontin du tegmentum

Selon la classification de Mesulam (Mesulam et al., 1983) on peut distinguer 8 groupes de neurones cholinergiques à projections longues (Ch1-Ch8) (Figure 8) définis par la présence de l'enzyme de synthèse de l'acétylcholine, la choline acétyl transférase (ChAT). Les groupes Ch1-Ch4 forment un continuum anatomique situé au niveau du télencéphale basal. Les groupes Ch1-Ch2 correspondent aux neurones cholinergiques de la région du septum médian et du bras vertical de la bande diagonale de Broca. Le groupe Ch3 est situé dans le bras horizontal de la bande diagonale de Broca. Le groupe Ch4 est réparti sur le noyau préoptique magnocellulaire, la substance innominée et le noyau basal magnocellulaire. Les groupes Ch5-Ch6 sont situés dans la région ponto-mésencéphalique et correspondent respectivement aux noyaux pédonculopontin et latéro-dorsal du tegmentum. Le groupe Ch7 correspond au noyau habénulaire médian. Enfin, le groupe Ch8 correspond au noyau parabigéminal. Parmi toutes ces structures cholinergiques, le noyau pédunculopontin du tegmentum est plus particulièrement impliqué dans la régulation du sommeil.

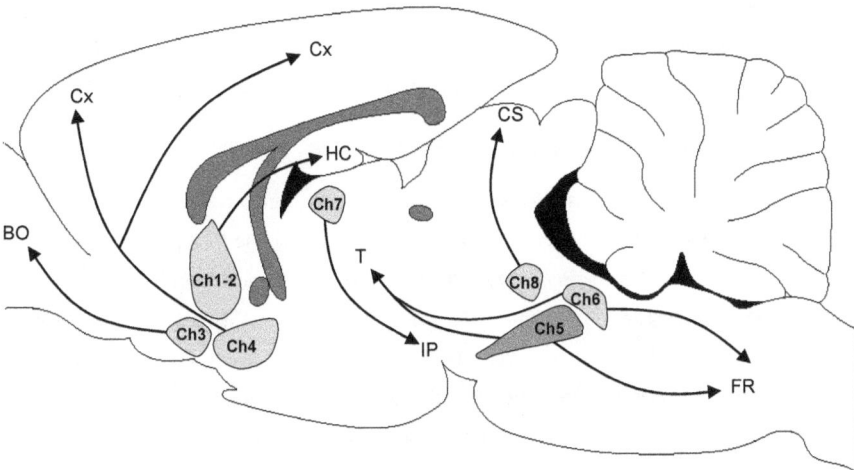

Figure 8. Représentation schématique des voies cholinergiques centrales selon la classification de Mesulam, sur une coupe sagittale de cerveau de rat (Mesulam et al., 1983).

Les 8 groupes de neurones cholinergiques à projections longues sont représentés (Ch1-Ch8) ainsi que leur principales zones de projections. Abréviations : Cx : néocortex ; HC : hippocampe ; CS : colliculus supérieur ; BO : bulbe olfactif ; Testo : thalamus ; IP noyau interpédonculaire ; FR : formation réticulée ponto-mésencephalique. Le noyau pédonculopontin du tegmentum (Ch5) est distingué par une couleur plus sombre. La définition des autres zones Ch1-8 est donnée dans le texte.

A. Le PPT au sein de la formation réticulée ascendante

1) Caractéristiques anatomiques et cellulaires

Le PPT est une structure bilatérale située au sein de la formation réticulée ponto-mésencéphalique. Il est entouré latéralement par le lémnisque latéral, au niveau médian par la décussation du pédoncule cérébelleux supérieur, antéro-dorsalement par le champ rétrorubral, postéro-dorsalement par le noyau cunéiforme et ventralement par la formation réticulée pontique. La partie la plus antérieure du PPT (PPTa) se situe au niveau de la substance noire alors que sa partie la plus postérieure (PPTp) se situe au niveau du locus coeruleus. Les neurones du PPT, outre l'acétylcholine, co-expriment la substance P et l'enzyme de synthèse de l'oxyde nitrique, la « *nitric oxide synthase* » (NOS). Comme pour les structures cholinergiques antérieures (telles que le noyau basal magnocellulaire (NBM)) le PPT possède également des neurones glutamatergiques et des interneurones gabaergiques. La proportion de neurones cholinergiques (environ 2000 neurones par PPT chez le rat) varie de 25% dans la partie antérieure à 85% dans sa partie postérieure. La morphologie prédominante des neurones cholinergiques du PPT est de type multipolaire ou fusiforme. Leur taille varie entre 150 et 300µm² chez l'animal jeune. Il est à noter que le PPTa possède des neurones de taille supérieure à ceux du PPTp (en moyenne 20% supérieure) (Inglis et Winn, 1995; Rye et al., 1987; Rye, 1997; Steckler et al., 1994; Winn et al., 1997).

2) Connections anatomiques

Le PPT possède à la fois des connections descendantes bulbo-pontiques et ascendantes vers le mésencéphale et le télencéphale. Compte tenu du fait que le PPT possède également des neurones glutamatergiques à projections longues et qu'une partie des neurones cholinergiques co-exprime le glutamate (Clements et al., 1991; Clements et Grant, 1990; Lavoie et Parent, 1994a; Lavoie et Parent, 1994b), il est difficile de dissocier les connections spécifiques des neurones cholinergiques de celles des autres neurones. De plus la majorité des études montre un recoupement des afférences et des efférences des neurones cholinergiques et glutamatergiques au sein du PPT.

a) Projections afférentes au PPT :

Le PPT reçoit des projections de 5 ensembles structuraux (Figure 9) :

> La formation réticulée ascendante (locus coeruleus, noyau du raphé, noyau pontiques et bulbaires).

> Le complexe striatal dorsal (noyau caudé, globus pallidus, noyau sous-thalamique, substance noire réticulée).

> Le complexe striatal ventral (noyau accumbens, pallidum ventral).

> L'hypothalamus (hypothalamus latéral, noyau paraventriculaire, noyau préoptique, corps mamillaires).

> L'amygdale (noyau central)

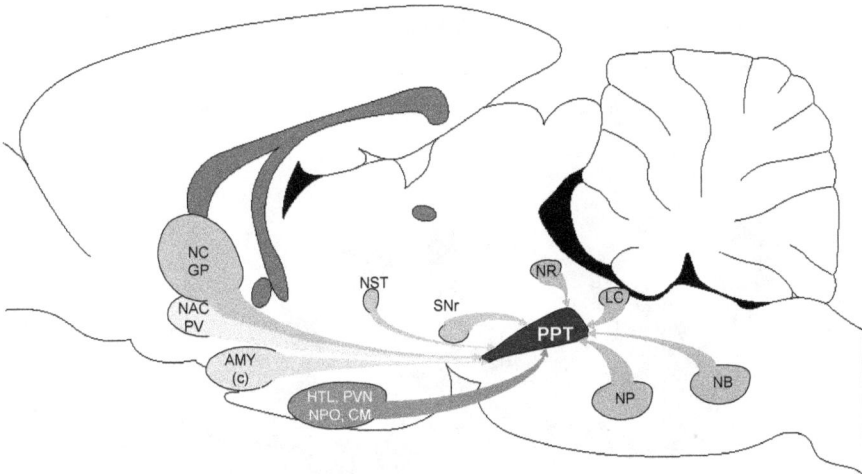

Figure 9. Projections afférentes au PPT.

Représentation des principales zones de projections au PPT. En rouge, la formation réticulée ascendante (LC : locus coeruleus ; NR : noyau du raphé dorsal; NB : noyaux bulbaires ; NP : noyaux pontiques). En bleu, le complexe striatal dorsal (SNr : substance noire réticulée ; NST : noyau sous thalamique ; NC : noyau caudé ; GP : globus pallidus). En jaune, le complexe striatal ventral (NAC : noyau accumbens ; PV : ventral pallidum). En vert clair, le noyau central de l'amygdale (AMY (c)). En vert foncé, l'hypothalamus (HTL : hypothalamus latéral ; NPV : noyau paraventriculaire ; NPO : noyau préoptique ; CM : corps mamillaires). PPT : noyau pédonculopontin du tegmentum. Références : Jackson et Crossman, 1983; Moriizumi et Hattori, 1992; Rye et al., 1987; Semba et al., 1990; Spann et Grofova, 1991; Steckler et al., 1994; Steininger et al., 1992; Steriade et al., 1990.

b) Projections efférentes du PPT :

Le PPT projette vers un grand nombre de structures cérébrales, cependant l'importance des projections est très variable. Nous présentons entre parenthèses la proportion approximative de neurones cholinergiques projetant vers ces structures (lorsque des études quantitatives le permettent) (Figure 10).

Projections descendantes

> ➤ Noyau du raphé, locus coeruleus (20%)
> ➤ Noyaux pontiques et bulbaires (60%)
> ➤ Noyaux cérébelleux profonds (% non déterminé, n.d.)

Projections ascendantes via les faisceaux dorsal et ventral du tegmentum

> ➤ Noyaux thalamiques spécifiques et aspécifiques (antérieur, mediodorsal, mediocentral, centrolatéral, dorsolatéral, postérieur, réticulaire) (60%)
> ➤ Complexe striatal dorsal (noyau caudé, globus pallidus, noyau sous-thalamique, substance noire compacta/réticulée) (% n.d.)

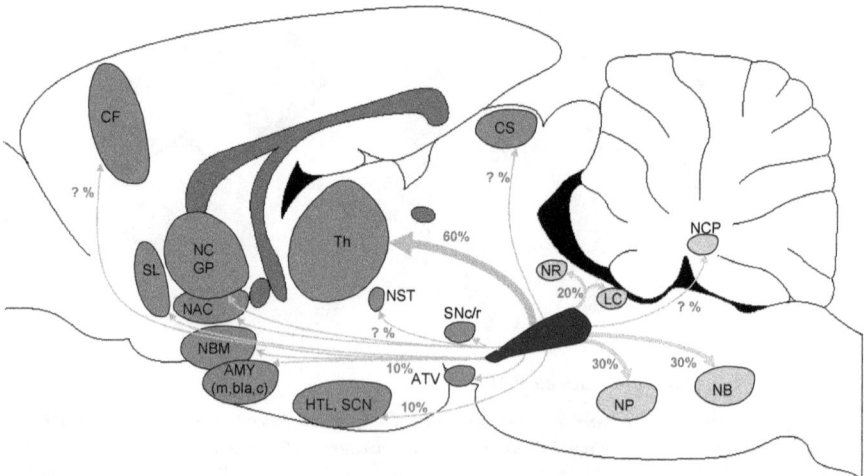

Figure 10. Projections efférentes du PPT.

Représentation des principales zones de projections descendantes (en orange) et ascendantes (en bleu) du PPT. La largeur des flèches est proportionnelle au pourcentage de neurones du PPT projetant vers la zone concernée. Abréviations : AMY (m,bla,c): noyaux médian, baso-latéral et central de l'amygdale ; LC : locus coeruleus ; NR : noyau du raphé ; NB : noyaux bulbaires ; NP : noyaux pontiques ; NCP : noyaux cérébelleux profonds ; Testo : thalamus (noyaux spécifiques et aspécifiques); CS : colliculus supérieurs ; SNr : substance noire réticulée ; NST : noyau sous thalamique ; NC : noyau caudé ; GP : globus pallidus ; NAC : noyau accumbens ; HTL : hypothalamus latéral ; NSC : noyau suprachiasmatique ; NBM : noyau basal magnocellulaire ; CF : cortex frontal ; SL : septum latéral ; ATV : aire tegmentale ventrale ; PPT : noyau pédonculopontin du tegmentum. Références : Beninato et Spencer, 1986; Beninato et Spencer, 1987; Bevan et Bolam, 1995; Bina et al., 1993; Cornwall et al., 1990; Hallanger et Wainer, 1988; Jackson et Crossman, 1983; Jones et Cuello, 1989; Oakman et al., 1995; Rye et al., 1987; Steckler et al., 1994. 44

➤ Complexe striatal ventral (noyau accumbens, aire tegmentale ventrale) (% n.d.)

➤ Télencéphale basal (Noyaux amygdaliens, noyau basal magnocellulaire, septum latéral) (10%)

➤ Hypothalamus latéral, noyau suprachiasmatique (10%)

➤ Colliculus supérieur (% n.d.)

➤ Cortex frontal (% n.d.)

Il est à noter que 10% des neurones cholinergiques du PPT projettent à la fois vers le thalamus et le pont et que 10% projettent à la fois vers le thalamus et le télencéphale basal par des axones collatéraux (Losier et Semba, 1993; Semba et al., 1990).

En résumé, le PPT est 1) connecté bidirectionnellement avec les structures clées impliquées dans la régulation du sommeil (noyaux de la formation réticulée et de l'hypothalamus), 2) modulé par des structures impliquées dans le contrôle moteur, motivationnel et émotionnel (complexe striatal et amygdale) et 3) projette en retour vers des structures impliquées dans les processus cognitifs (noyaux du télencéphale basal, thalamus, cortex frontal et colliculus supérieur).

3) Régulations par les neurotransmetteurs

a) Récepteurs membranaires

Le PPT recevant de multiples afférences possède un nombre important de récepteurs aux neurotransmetteurs. Ainsi les neurones cholinergiques du PPT expriment l'ensemble des récepteurs des deux principaux neurotransmetteurs centraux, à savoir pour le glutamate, les récepteurs NMDA (N-methyl-D-aspartate), Kainate (acide kaïnique) et AMPA (α-amino-3-hydroxy-5-methyl-4-isoxazolepropionic acid) et pour le GABA (gamma-aminobutyric acid) les récepteurs $GABA_A$, $GABA_B$ et $GABA_C$. Les neurones cholinergiques possèdent également des récepteurs à la sérotonine ($5HT1_A$, $5HT2_A$), à la noradrénaline (alpha1, alpha2), aux opioïdes (mu) et à l'histamine (H1) (Corrigall et al., 1999; Fay et Kubin, 2000; Fay et Kubin, 2001; Morilak et al., 1993; Morilak et Ciaranello, 1993; Sanford et al., 1996; Serafin et al., 1990). Enfin, les neurones cholinergiques possèdent également des récepteurs cholinergiques muscariniques (M2, M3, M4) (Vilaro et al., 1992; Vilaro et al., 1994).

b) Régulations

Des études pharmacologiques ont montré que les neurones cholinergiques du PPT sont inhibés (hyperpolarisation membranaire) par la sérotonine, la noradrénaline, le GABA et l'adénosine provenant de la formation réticulée et de l'hypothalamus. Ils sont en revanche stimulés (dépolarisation membranaire) par le glutamate et l'histamine provenant des structures afférentes mais aussi du PPT lui-même (pour le glutamate). Les neurones cholinergiques subissent également une inhibition récurrente par l'acétylcholine agissant au niveau du corps cellulaire, via des autorécepteurs muscariniques de type M2, ainsi qu'une modulation par l'oxyde nitrique produit par ces mêmes neurones.

B. Implications du PPT dans la régulation du sommeil et de la mémoire

1) Régulation du cycle veille-sommeil

Il est maintenant bien établi que l'acétylcholine provenant du PPT joue un rôle central dans la modulation des états de désynchronisation corticale observés pendant la veille active et le sommeil paradoxal. La majorité des neurones cholinergiques du PPT augmente leur excitabilité juste avant et pendant la désynchronisation corticale (Llinas et Pare, 1991). Il a été montré trois populations de neurones (probablement cholinergiques) au sein du PPT qui se différenciaient par leur activité au cours du cycle veille-sommeil (Datta et Siwek, 2002; Steriade et al., 1990). Le premier groupe (15% des neurones) n'est actif que pendant le SP (fréquence moyenne de décharge de 10Hz). Le deuxième groupe (60% des neurones) n'est actif que pendant les états de désynchronisation corticale c'est-à-dire l'EV et le SP (fréquence moyenne de décharge de 15Hz). Le troisième groupe (25% des neurones) possède une activité indépendante du cycle veille-sommeil et une fréquence moyenne de décharge faible de l'ordre de 5Hz.

Les neurones cholinergiques du PPT ont la capacité de contrôler à la fois la désynchronisation corticale et le tonus musculaire pendant le cycle veille-sommeil. En effet, le PPT projette sur l'ensemble du thalamus, à la fois sur les noyaux spécifiques de relais ou sur les noyaux non spécifiques comme le noyau réticulaire (Reiner et Vincent, 1987; Semba et al., 1988; Semba et al., 1990). Il a été montré que la stimulation électrique des neurones cholinergiques du PPT entraînait une inhibition des cellules réticulaires et une excitation des cellules relais du thalamus, ce qui engendre un état de désynchronisation corticale (Kayama et al., 1986). La libération d'acétylcholine au niveau du pont va provoquer quant à elle l'apparition à la fois des ondes ponto-géniculo-occipitales (PGO) et d'un rythme thêta hippocampique pendant le sommeil paradoxal. De plus, l'activation des neurones spécifiques du SP va provoquer l'atonie musculaire via la stimulation de la région caudale dorso-latérale pontique et de la formation réticulée médullaire médiane.

En plus de ce double contrôle, le PPT est un maillon crucial dans la régulation des transitions SL-SP et SP-SL par les modulations mutuelles des autres structures cérébrales du cycle veille-sommeil. Ainsi comme le montre la figure 11, les neurones du PPT activés pendant le SP (REM-ON) sont inhibés par le locus coeruleus (LC) et le noyau du raphé (NR) qui sont deux structures activées pendant l'éveil et le sommeil lent (REM-OFF). Ces deux

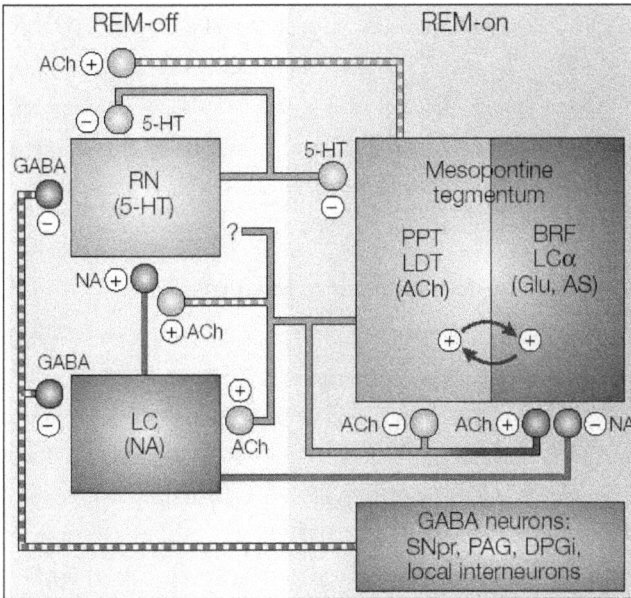

Figure 11 Régulation de l'alternance SL-SP par les structures ponto-mésencéphaliques (Pace-Schott et Hobson, 2002).

Au sein de la région ponto-mésencéphalique on distingue deux groupes de neurones : les neurones REM-ON (activés pendant le sommeil paradoxal) et les neurones REM-OFF (inactivés pendant le sommeil paradoxal). L'activation prolongée des neurones du PPT pendant le SP va entraîner l'activation d'une boucle de régulation négative directe (inhibition récurrente cholinergique) et indirecte (inhibition par le NR et le LC) permettant la sortie du sommeil paradoxal. Abbréviations : RN: noyau du raphé ; LC locus coeruleus ; PPT et LDT: noyau pédonculopontin et latérodorsal du tegmentum ; BRF : formation réticulée mésencéphalique ; LCα : péri-locus coeruleus α ; SNpr : substance noire réticulée ; PAG : substance grise péri-aqueducale ; DPGi : noyau dorsal paragigantocellulaire ; NA : noradrénaline ; ACh : acétylcholine ; 5-HT : sérotonine ; Glu : glutamate ; AS : aspartate ; GABA : acide gamma-aminobutyrique.

structures diminuent en fait progressivement leur activité au cours du SL pour aboutir à une inactivité pendant le SP. L'acétylcholine à ce niveau possède un rôle de régulateur négatif de l'activité du PPT, soit par la stimulation du LC et du NR, soit par l'inhibition directe du PPT par ses autorécepteurs. Le PPT serait également connecté positivement avec d'autres neurones de la formation réticulée pontique tels que ceux du péri-locus coeruleus-α. Enfin les neurones gabaergiques mésencéphaliques vont exercer un rôle facilitateur sur le PPT via l'inhibition du LC et du NR (Hobson et Pace-Schott, 2002; Pace-Schott et Hobson, 2002).

Les conséquences sur le sommeil de la lésion du PPT ont été peu étudiées, principalement en raison de l'absence de toxines spécifiques des neurones cholinergiques pontiques. Seules trois études ont évalué l'impact de lésions aspécifiques du PPT sur le sommeil (Deurveilher et Hennevin, 2001; Shouse et Siegel, 1992; Webster et Jones, 1988). Cependant, ces trois études diffèrent quant au modèle utilisé (chat ou rat), au type de lésion (excitotoxique ou électrolytique), à l'étendue des lésions et aux temps de récupération post-lésion (jours ou semaines) ; c'est pourquoi il est difficile de les comparer. Il apparaît cependant que la lésion du PPT diminue l'occurrence des épisodes de sommeil paradoxal, que ce soit en condition de base (Shouse et Siegel, 1992; Webster et Jones, 1988) ou après une privation sélective de sommeil paradoxal (Deurveilher et Hennevin, 2001).

2) Régulation des processus mnésiques

Peu de travaux ont étudié le rôle du PPT dans la mémorisation -essentiellement par l'utilisation de lésions excitotoxiques et électrolytiques- et les résultats ont été contradictoires. Certains auteurs ne décrivent pas d'altération de la mémoire explicite à long terme ou de la mémoire de travail (Leri et Franklin, 1998; Steckler et al., 1994), alors que d'autres montrent une altération de la mémoire explicite (spatiale) ou implicite (conditionnement) après lésion du PPT (Dellu et al., 1991; Fujimoto et al., 1989; Keating et al., 2002; Satorra-Marin et al., 2001; Taylor et al., 2004). Ces résultats peuvent s'expliquer pour trois raisons :

1) Il n'existe pas à ce jour d'outil pharmacologique permettant de supprimer sélectivement les neurones cholinergiques et donc l'étendue des lésions est très variable en fonction des études.

2) La majorité des auteurs a sous-estimé la possibilité que le PPT puisse être mis en jeu uniquement dans certaines phases du processus mnésique et ceci dans un type de mémoire donné. Ainsi aucune étude n'a évalué le rôle du PPT dans une tâche de mémoire explicite par rapport à une tâche de mémoire implicite. De plus les différentes phases du processus mnésique n'ont pas été étudiées (encodage, consolidation « éveil-dépendante » ou « sommeil-dépendante », rappel, reconsolidation).

3) Il existe des différences anatomo-fonctionnelles entre le PPTa et le PPTp et donc les lésions peuvent altérer différentiellement le comportement en fonction de l'étendue rostro-caudale de la lésion.

C. Altérations du PPT au cours du vieillissement

Une altération morphologique des neurones cholinergiques du PPT a été décrite dans la maladie de Parkinson, les démences séniles de type Alzheimer, la paralysie supranucléaire progressive, les démences à corps de Lewy et la schizophrénie. De façon intéressante ces pathologies s'accompagnent de troubles attentionnels importants associés à des troubles du sommeil paradoxal (Perry et al., 1999; Sarter et Bruno, 2000). Au cours du vieillissement normal chez l'homme, (sans troubles neurologiques ou psychiatriques) il a également été montré que le nombre des neurones cholinergiques du PPT diminuait avec l'âge, mais qu'il existait de grandes différences individuelles dans cette atteinte, ainsi certains patients très âgés ne présentaient pas de perte cellulaire (Ransmayr et al., 2000). Chez le rat il a été montré une diminution de l'arborisation dendritique et de la taille des neurones cholinergiques avec l'âge avec également de grandes différences individuelles (Inglis et Winn, 1995; Lolova et al., 1996; Lolova et al., 1997). Ces résultats montrent qu'au cours du vieillissement le PPT subit une dégénérescence progressive des neurones cholinergiques mais que tous les individus ne sont pas atteints de la même manière.

D. Conclusions

Comme nous l'avons vu, le PPT est une structure clée de la régulation du cycle veille-sommeil et pourrait également être impliqué dans la cognition. De plus, des données montrent que seule une fraction des individus âgés présente une dégénérescence du PPT. Une atteinte du PPT, chez certains individus, pourrait donc être impliquée dans les troubles hypniques et mnésiques observés au cours du vieillissement. Il est donc crucial de mettre en évidence les mécanismes de dérégulation du PPT qui pourraient rendre compte de cette dégénérescence. Les mécanismes de régulation du PPT sont nombreux, on peut distinguer d'une part la régulation de l'activité électrique des neurones par des neurotransmetteurs (comme nous l'avons décrit plus haut) et des neuromodulateurs et d'autre part la régulation trophique de ces neurones par des facteurs de croissance. Ces deux derniers types de régulation sont très peu étudiés malgré un grand nombre de données suggérant leur implication dans la dérégulation du PPT.

IV. Mécanismes de dérégulation du PPT au cours de la sénescence.

La régulation des neurones cholinergiques du PPT par les neurotransmetteurs classiques tels que le glutamate, le GABA ou la sérotonine est largement décrite dans la littérature (Inglis et Winn, 1995; Rye et al., 1987; Rye, 1997; Steckler et al., 1994; Winn et al., 1997). De nombreux arguments suggèrent que les neurones cholinergiques du PPT pourraient également être régulés par une nouvelle classe de neuromodulateurs, les neurostéroïdes, ainsi que par un facteur trophique peu étudié au niveau du système nerveux central, le TGFβ.

A. Rôle des neurostéroïdes dans la régulation du PPT

Des données montrent que les systèmes cholinergiques centraux seraient régulés par une nouvelle classe de neuromodulateurs endogènes, les neurostéroïdes, qui sont impliqués dans la régulation du sommeil et des processus cognitifs, que ce soit chez l'animal adulte ou âgé (Damianisch et al., 2001; Darnaudéry et al., 1998; Darnaudéry et al., 1999b; Darnaudéry et al., 1999a; Darnaudéry et al., 2000; Dazzi et al., 1996; Holsboer et al., 1992; Steiger et al., 1993; Vallée et al., 1997).

1) Mise en évidence

Les neurostéroïdes sont des stéroïdes présents au niveau du cerveau et ceci indépendamment de toute source périphérique (Baulieu et Robel, 1990). Ils peuvent être synthétisés au niveau du cerveau soit *de novo* à partir du mévalonate et du cholestérol soit par un processus métabolique *in situ* à partir de précurseurs présents dans la circulation sanguine. En effet il à été montré que, 1) les concentrations cérébrales des neurostéroïdes étaient supérieures aux concentrations plasmatiques, 2) la suppression des sources périphériques (adrénalectomie et gonadectomie) n'affectait que très peu les concentrations cérébrales des neurostéroïdes et 3) les enzymes de synthèse ont été détectées au niveau des neurones et des cellules gliales (Baulieu, 1998; Compagnone et Mellon, 2000; Hu et al., 1987; Le Goascogne et al., 1987; Mellon et Griffin, 2002; Mellon et al., 2001b; pour revue voir Schumacher et al., 2003; Vallée et al., 2001).

2) Biosynthèse des neurostéroïdes

Les enzymes de synthèse ont été détectés dans le cerveau, à la fois dans les cellules gliales et les neurones au niveau des mitochondries et du réticulum endoplasmique. La figure 12 résume les principales voies de biosynthèse des neustéroïdes. La première étape dans la stéroïdogenèse est la conversion du cholestérol en pregnénolone (Preg) par l'enzyme P450scc (*side chain clivage*) dans la membrane interne des mitochondries. La Preg peut ensuite être convertie par différentes voies en un nombre très important de stéroïdes. Les plus représentés dans le cerveau (notés en gras dans la figure 12) sont : la Preg, la DHEA (et leurs formes sulfatées PregS et DHEAS), la progestérone (PROG), la tétrahydroprogestérone

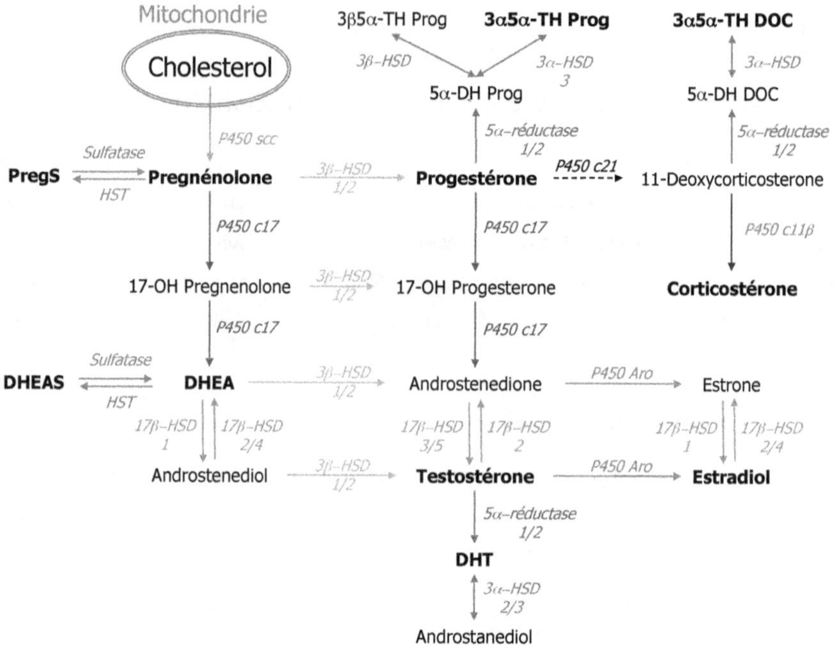

Mitochondrie — 3β5α-TH Prog — **3α5α-TH Prog** — **3α5α-TH DOC**

Cholesterol

3β-HSD → ← 3α-HSD 3 — 3α-HSD

5α-DH Prog — 5α-DH DOC

Sulfatase — P450 scc — 5α-réductase 1/2 — 5α-réductase 1/2

PregS ⇌ **Pregnénolone** — 3β-HSD 1/2 → **Progestérone** — P450 c21 - - - -> 11-Deoxycorticosterone

HST

P450 c17 — P450 c17 — P450 c11β

17-OH Pregnenolone — 3β-HSD 1/2 → 17-OH Progesterone — **Corticostérone**

P450 c17 — P450 c17

Sulfatase

DHEAS ⇌ **DHEA** — 3β-HSD 1/2 → Androstenedione — P450 Aro → Estrone

HST

17β-HSD 1 | 17β-HSD 2/4 — 17β-HSD 3/5 | 17β-HSD 2 — 17β-HSD 1 | 17β-HSD 2/4

Androstenediol — 3β-HSD 1/2 → **Testostérone** — P450 Aro → **Estradiol**

5α-réductase 1/2

DHT

3α-HSD 2/3

Androstanediol

Figure 12. Principales voies de biosynthèse des stéroïdes dans le cerveau de rat (Mellon et Griffin, 2002).

La première étape de la stéroïdogenèse est effectuée au niveau de la mitochondrie par la transformation du cholestérol en pregnénolone grâce à la P450scc. Une fois cette transformation effectuée, la pregnénolone peut être convertie en un grand nombre de stéroïdes différents en fonction du type d'enzymes de synthèse présent dans la cellule. Les enzymes de synthèse ayant des propriétés identiques ou similaires sont notés avec la même couleur. En gras sont notés les stéroïdes les plus représentés dans le cerveau. Abréviations : P450scc: mitochondrial cholesterol side-chain cleavage enzyme; P450c17: mitochondrial 17 hydroxylase; P450aro: aromatase; P450c21: mitochondrial 21 hydroxylase; P450c11: mitochondrial 11 hydroxylase; HST: hydroxysteroid sulfotransferase; STS: steroid sulfatase sulfohydrolase; HSD: hydroxysteroid dehydrogenase.

(3α5α-THPROG) ou allopregnanolone (AlloP), la testostérone (Testo), la dihydrotestostérone (DHT), l'oestradiol (E2) et la corticostérone (Cort). La présence de ces quatre derniers stéroïdes dans le cerveau semble totalement dépendante de la Testo, de l'E2 ou de la Cort plasmatique. C'est pourquoi on leur a donné le terme de « stéroïdes neuroactifs » par opposition au terme de « neurostéroïdes ».

Aucune étude à ce jour n'a analysé précisément la régionalisation de l'ensemble des enzymes dans les structures cérébrales. Une analyse de la littérature suggère cependant que l'ensemble des enzymes de synthèse serait retrouvé de façon plutôt ubiquitaire dans toutes les régions cérébrales étudiées à quelques exceptions près (Tableau 2). La P450c11 ne serait pas présente dans le cortex, ni dans la région ponto-mésencéphalique suggérant l'absence de

		Cerveau	Néocortex	Cx Frontal	Cx Temporal	Cx Pariétal	Hippocampe	Thalamus	Striatum	Hypothalamus	Mésencéphale	Cervelet
P450scc	Preg	3,5,11,14	12,20	1		15	1,9		1	1	1,20	1,20
P450c17	DHEA Androstenedione	11 14	20		19,25						11,20	20
P450aro	Oestradiol Oestrone		20								20	16,20
P450c21	DOC										20	
P450c11	Cort	14,20	20								20	20
HST	PregS DHEAS		13		19		8					
STS	Preg DHEA	10	13		19							
3α-HSD	AlloP THDOC	2,6		2,7,6	2		2,7,6, 24	4, 6	4,6	4	2,4,7,6	2,4,7,6
17β-HSD	T Androstenedione		17,18		17,18							
3β-HSD	EpialloP	1,11					3		3	3		3,11
5α-R	DHT DHP		25	22			21,23,24	4		22	4, 23	4

Tableau 2. Localisation cérébrale des enzymes de synthèse des neurostéroïdes ches le rat.

Une case bleue signifie que l'enzyme de synthèse a été détecté (ARNm, protéine ou activité enzymatique). Une case rouge signifie que l'enzyme de synthèse n'a pas été détecté. Une case vide signifie que la présence de l'enzyme n'a pas été recherchée. Abréviation : P450scc : mitochondrial cholesterol side-chain cleavage enzyme; P450c17 : mitochondrial 17 hydroxylase; P450aro : aromatase; P450c21 : mitochondrial 21 hydroxylase; P450c11 : mitochondrial 11 hydroxylase; HST: hydroxysteroid sulfotransferase; STS : steroid sulfatase sulfohydrolase; HSD : hydroxysteroid dehydrogenase. Références : 1. Furukawa et al., 1998 ; 2. Griffin et Mellon, 1999 ; 3. Guennoun et al., 1995 ; 4. Hanukoglu et al., 1977 ; 5. Hu et al., 1987 ; 6. Khanna et al., 1995 ; 7. Khanna et al., 1995 ; 8. Kim et al., 2003a ; 9. Kimoto et al., 2001 ; 10. Kishimoto et al., 2004 ; 11. Kohchi et al., 1998 ; 12. Le Goascogne et al., 1987 ; 13. Maayan et al., 2004 ; 14. Mellon et Deschepper, 1993; Nicholson et Sykova, 1998; Schlageter et al., 1999 ; 15. Patte-Mensah et al., 2003 ; 16. Sakamoto et al., 2003 ; 17. Steckelbroeck et al., 2001 ; 18. Steckelbroeck et al., 2003 ; 19. Steckelbroeck et al., 2004 ; 20. Stromstedt et Waterman, 1995 ; 21. Eechaute et al., 1999 ; 22. Lephart et al., 2001 ; 23. Morita et al., 2002 ; 24. Stoffel-Wagner et al., 2000 ; 25. Torres et al., 2004.

synthèse locale de corticostérone. Le cortex temporal serait dépourvu de P450c17 et de HST suggérant l'absence de synthèse locale de DHEA, Testo, DHT, E2 et de Cort ainsi que des formes sulfatées de la Preg et de la DHEA (Mellon et Deschepper, 1993; Steckelbroeck et al., 2004; Stromstedt et Waterman, 1995). La majorité des enzymes de synthèse des neurostéroïdes et notamment du sulfate de pregnénolone a été en revanche détectée dans la région du PPT.

3) Neurostéroïdes et stéroïdes neuroactifs

Comme nous l'avons mentionné, il est possible de distinguer d'une part les neurostéroïdes et d'autre part les stéroïdes neuroactifs. Des estimations « basses » de leurs concentrations cérébrales (si l'on postule que les stéroïdes sont répartis de façon homogène dans le cerveau) montrent que pour les neurostéroïdes ces valeurs peuvent être de 2 à 20 fois supérieures à celles observées dans le plasma. A l'opposé, des stéroïdes neuroactifs connus pour être essentiellement périphériques tels que la Cort, la Testo et l'allotetrahydrodéoxycorticostérone (THDOC) ont des concentrations égales ou inférieures à celles du plasma (la concentration cérébrale de Cort est par exemple 20 fois plus faible que sa concentration plasmatique) (Tableau 3).

	Concentration cérébrale (ng/g)	Concentration plasmatique (ng/ml)	Rapport concentration cérébrale / concentration plasmatique
Preg	10	1	10
DHEA	0.1	0.05	2
AlloP	5	0.2	25
Testo	1	1	1
DHT	1	0.1	10
Cort	5	100	0.05
THDOC	0.1	0.1	1

Tableau 3. Concentrations cérébrales et plasmatiques de différents stéroïdes.

Les concentrations cérébrales en stéroïdes peuvent varier d'un facteur 100 en fonction du type de stéroïde. Le rapport entre les concentrations cérébrale et plasmatique peut aller de 0.05 pour les stéroïdes synthétisés en périphérie comme la corticostérone jusqu'à 25 pour les stéroïdes synthétisés dans le cerveau comme l'AlloP. Références : Barbaccia et al., 1997; Bernardi et al., 1998; Cheney et al., 1995; Corpechot et al., 1981; Corpechot et al., 1983; Corpechot et al., 1993; Jo et al., 1989; Koenig et al., 1995; Le Goascogne et al., 1987; Mathur et al., 1993; Purdy et al., 1991; Robel et al., 1987; Vallée et al., 2000; Wang et al., 1997.

De plus les concentrations locales en neurostéroïdes pourraient être sous estimées si l'on considère qu'ils peuvent être localisés uniquement au niveau de l'espace intracellulaire ou extracellulaire, de l'espace péri-synaptique ou au niveau de la membrane plasmique comme le suggèrent plusieurs études (Kimoto et al., 2001; Shibuya et al., 2003; Shu et al., 2004). Ainsi, si l'on rapporte les quantités mesurées au volume estimé du milieu extracellulaire (20% du cerveau) (Nicholson et Sykova, 1998) ou de volume sanguin (2% du cerveau) (Schlageter et al., 1999), les concentrations locales pourraient selon les stéroïdes être de l'ordre de la centaine de nM voire du μM (Tableau 4). Il est également possible qu'il existe une régionalisation des neurostéroïdes au sein des différentes structures cérébrales. Cependant les résultats obtenus ont été contradictoires, reportant soit une homogénéité, soit de légères différences, le plus souvent avec un nombre très faible de structures (Barbaccia et al., 1998; Bernardi et al., 1998; Vallée et al., 1997). Ce manque d'homogénéité des résultats provient en grande partie du manque de spécificité de la technique de détection la plus souvent employée, c'est à dire le dosage radio immunologique (RIA). En effet les anticorps utilisés ont le plus souvent une immuno-réactivité croisée vers d'autres stéroïdes.

Concentration estimée (nM)

	Homogène dans le plasma	Homogène dans le tissu cérébral	Homogène dans le milieu intracellulaire	Homogène dans le milieu extracellulaire	Homogène dans la vascularisation cérébrale
	1ml=1000µl	1g=1000µl	1g=800µl	1g=200µl	1g=20µl
Preg	3	32	39	158	1580
DHEA	0.2	0.3	0.4	2	17
AlloP	1	16	20	78	785
Testo	3	3	4	17	173
DHT	0.3	3	4	17	172
Cort	299	14	18	72	723
THDOC	0.3	30	37	149	1495

Tableau 4. Concentrations cérébrales et plasmatiques de différents stéroïdes.

Si l'on considère que les stéroïdes peuvent être localisés dans un compartiment donné l'estimation de la concentration cérébrale varie entre 0.1nM et 1500nM. Pour effectuer ces calculs nous nous sommes basés sur les estimations volumiques du milieu extracellulaire et de la vascularisation cérébrale qui sont respectivement de l'ordre de 20% et 2% du volume cérébral total. Références : Barbaccia et al., 1997; Bernardi et al., 1998; Cheney et al., 1995; Corpechot et al., 1981; Corpechot et al., 1983; Corpechot et al., 1993; Jo et al., 1989; Koenig et al., 1995; Le Goascogne et al., 1987; Mathur et al., 1993; Purdy et al., 1991; Robel et al., 1987; Vallée et al., 2000; Wang et al., 1997.

4) Cibles moléculaires des stéroïdes

a) Récepteurs intracellulaires

Les récepteurs intracellulaires des stéroïdes périphériques sont aujourd'hui bien connus. La progestérone, la testostérone, l'oestradiol et la corticostérone se fixent à des récepteurs intracellulaires pour agir au niveau transcriptionnel dans le noyau. Il est à noter que parmi ces récepteurs intracellulaires, seul le récepteur aux androgènes (AR) qui est capable de fixer l'androstènedione, la DHEA, la testostérone et la DHT serait présent en grand nombre au niveau du PPT (Greco et al., 1999; Shughrue et al., 1997; Shughrue et Merchenthaler, 2001). En revanche il n'a pas encore été décrit au niveau du cerveau de récepteurs intracellulaires pour les neurostéroïdes tels que la Preg et l'AlloP. De nombreuses données pharmacologiques montrant une action rapide des neurostéroïdes suggèrent que leurs effets passent principalement par la modulation de certains récepteurs membranaires aux neurotransmetteurs.

b) Récepteurs membranaires

De nombreux travaux ont montré que les neurostéroïdes modulaient les récepteurs membranaires aux neurotransmetteurs. Ainsi les neurostéroïdes peuvent moduler les récepteurs $GABA_A$, NMDA, AMPA/Kainate, glycine et sigma (pour revue voir Rupprecht et al., 1996). Cette modulation va dépendre d'une part du type de stéroïde impliqué et d'autre part de la composition en sous unités de ces différents récepteurs. Brièvement, à des concentrations de l'ordre du micromolaire, la PROG, l'AlloP, la Preg et la THDOC vont moduler positivement le récepteur $GABA_A$ alors que les sulfates de Preg et de DHEA vont le moduler négativement. Ces derniers vont en outre moduler positivement le récepteur NMDA à des concentrations plus élevées (10-100µM). Il est à noter que les récepteurs $GABA_A$, NMDA et AMPA/Kainate sont présents au sein du PPT.

Compte tenu du fait que les enzymes de synthèse des neurostéroïdes sont présents dans la zone ponto-mésencéphalique chez le rat adulte ainsi que dans les neurones cholinergiques du PPT pendant la phase embryonnaire (Mellon et al., 2001a), il est probable que les neurostéroïdes soient impliqués dans la régulation du PPT et donc *in fine* dans la régulation du sommeil. Cependant, alors que l'on a montré la modulation du sommeil par l'administration de neurostéroïdes dans les structures cholinergiques antérieures (Darnaudéry et al., 1999b), l'effet de l'administration de neurostéroïdes au niveau du PPT sur la régulation du sommeil reste inconnu.

B. Rôle des facteurs trophiques dans la régulation du PPT

1) Récepteurs membranaires

Les neurones cholinergiques du PPT se distinguent des neurones cholinergiques du télencéphale basal (NBM) pour leur régulation par les facteurs trophiques. En effet si ces deux structures expriment de la même façon les récepteurs au « fibroblast growth factor » (FGF) (Yoshida et al., 1994), il a été montré que seuls les neurones cholinergiques du NBM possèdent une régulation trophique par le « nerve growth factor » (NGF), via les récepteurs p75NTR et TrkA (Woolf et al., 1989a). De façon opposée seuls les neurones cholinergiques du PPT expriment le récepteur de type II du « transforming growth factor beta » (TGFβ) (Morita et al., 1996). Ceci suggère une régulation trophique totalement différente entre ces deux structures. En effet il a été démontré que le NGF était un point clé de la résistance des neurones cholinergiques du NBM à la dégénérescence observée au cours du vieillissement. En revanche, le rôle du TGFβ dans la régulation trophique des neurones cholinergiques du PPT n'a pas encore été étudié. Le TGFβ est impliqué dans la régulation de la prolifération, de l'apoptose et de la nécrose comme l'ont montré de nombreuses études effectuées en cancérologie. De plus, son rôle éventuel dans la neurodégénérescence a été souvent suspecté (Brionne et al., 2003; Flanders et al., 1998; Lippa et al., 1995; Wyss-Coray et al., 2002).

2) Mécanismes d'action du TGFβ

La superfamille TGFβ consiste en une série de protéines similaires structuralement et d'une masse moléculaire d'environ 25KDa. Trois gènes ont été identifiés chez les mammifères. TGFβ1 (Derynck et al., 1985), TGFβ2 (de Martin et al., 1987) et TGFβ3 (Derynck et al., 1988; Ten Dijke et al., 1988). Les trois isoformes ont une identité partagée de l'ordre de 75% et semblent posséder des propriétés différentes liées aux différences d'affinités pour le récepteur au TGFβ (Wrana et al., 1992) ainsi que pour des protéines accessoires de liaison, telles que l'endogline et la β-glycan (Cheifetz et al., 1992; Wang et al., 1991). Le TGFβ est produit sous une forme latente composée d'un dimère de TGFβ, du « *latency associated peptide* » (LAP) et de la protéine de liaison au TGFβ latent (LTBP) (Miyazono et al., 1988). L'activation du TGFβ se fait par la dissociation de ce complexe par des protéases (Flanders et al., 1998). Le TGFβ (1, 2, 3) est présent de façon relativement ubiquitaire dans le système nerveux central, de façon prédominante au niveau des astrocytes et de la microglie, mais également au niveau des neurones.

Les facteurs TGFβ initient la transduction du signal par leur fixation sur le récepteur du TGFβ de type II ; cette fixation va provoquer la formation d'un complexe récepteur composé de deux récepteurs de type II et deux récepteurs de type I. Une fois le complexe réalisé le récepteur de type II va activer le récepteur de type I par trans-phosphorylation (Figure 13). Ce dernier va alors phosphoryler des protéines cytoplasmiques liées aux microtubules, appelées R-Smad (pour « *receptor-regulated Smad* » : incluant Smad2 et Smad3). La protéine SARA va permettre la relocalisation des R-Smad au niveau membranaire, à proximité du complexe récepteur, et ainsi faciliter cette phosphorylation qui va alors entraîner un changement de conformation permettant au R-Smad de se lier à une Co-Smad (pour « *common-pathway Smad* » : Smad4) (Hata et al., 1997). Ce complexe est alors transloqué dans le noyau pour moduler la transcription d'une multitude de gènes, soit par sa liaison à l'ADN via un élément de réponse spécifique (*Smad Binding Element* (SBE) composé d'une séquence consensus : 5'-CACAG-3'), soit via une interaction avec d'autres facteurs de transcription sur d'autres éléments de réponses (Shi et Massague, 2003). Il existe une troisième catégorie de Smad, les I-Smad (pour « *inhibitory-Smad* » : Smad6 et Smad7). Les quantités de I-Smad (essentiellement Smad7) sont augmentées après un traitement aigu par le TGFβ et agissent ainsi comme régulateur négatif de la voie. Smad 7, seule ou associée à Smurf, va 1) bloquer les interactions entre le récepteur de type I et les R-Smad, 2) bloquer les interactions entre les R-Smad et les Co-Smad et 3) internaliser les récepteurs activés dans des vésicules à cavéoline et provoquer leur dégradation via le protéasome (Hata et al., 1998; Itoh et al., 1998; Nakao et al., 1997). Le signal de transduction peut également être arrêté dans le noyau en raison de la dissociation du complexe R-Smad-Co-Smad par des phosphatases. Ces Smads monomériques vont pouvoir être relocalisées dans le cytoplasme par une navette nucléo-cytoplasmique via des exportateurs nucléaires (CRM1) ou des nucléoporines (Nup214, Nup153).

3) Effets biologiques du TGFβ

Le TGFβ possède des propriétés pléiotropiques, il est capable à la fois d'induire de la prolifération cellulaire, de l'apoptose cellulaire et de réguler le volume cellulaire en fonction du type de cellule cible et de l'environnement cellulaire. Il a été montré par exemple que la majorité des tumeurs du pancréas et du colon résultait de mutations dans les gènes de la voie du TGFβ (Smad2, Smad4), rendant cette voie totalement inactive. A l'opposé son activation stimule la formation de tumeurs métastasiques (Cui et al., 1996; Derynck et al., 2001; Oft et al., 1998). Les effets du TGFβ observés en périphérie ne sont donc pas forcément les mêmes

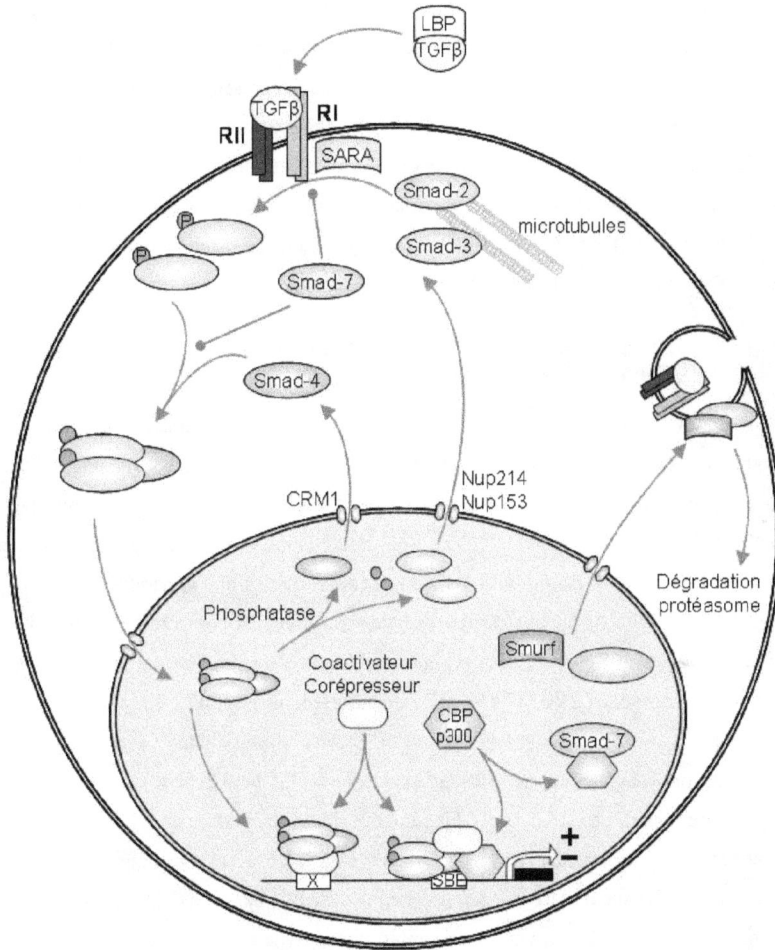

Figure 13. Voie de transduction du signal TGFβ-Smad.

La fixation du TGFβ au récepteur provoque la phosphorylation (activation) des Smad2/3 (R-Smad) par le récepteur de type I. Une fois activées les R-Smad forment un complexe avec la Smad4 (Co-Smad). Ce complexe pénètre dans le noyau et va ainsi moduler l'expression d'une multitude de gènes soit par une action directe sur un élément de réponse spécifique SBE (Smad Binding Element), soit par l'interaction avec d'autres facteurs de transcription. La Smad7 va bloquer la formation du complexe R-Smad-Co-Smad et entraîner la dégradation du récepteur. Références : Derynck et Zhang, 2003; Massague, 2000; Ten Dijke et Hill, 2004.

que dans le système nerveux central, cependant dans le cerveau on retrouve également l'importance du milieu environnant dans l'effet biologique du TGFβ. Ainsi, le TGFβ2 stimule la prolifération des cellules granulaires du cervelet en présence de sérum et l'inhibe en absence de celui-ci (Kane et al., 1996). Le TGFβ1 stimule la survie des motoneurones de la moelle épinière mais seulement en présence d'astrocytes (Gouin et al., 1996; Martinou et al., 1990). Enfin, les TGFβ2 et TGFβ3 stimulent l'apoptose dans d'autres organes (cervelet et cœur) (de Luca et al., 1996; Kubalak et al., 2002) alors que l'invalidation du gène du TGFβ1 stimule l'apoptose dans le cerveau (Brionne et al., 2003).

4) Implication du TGFβ dans les maladies neurodégénératives

Le TGFβ semble impliqué dans les maladies neurodégénératives. En effet il a été montré une surexpression des TGFβ1 et TGFβ2 dans les astrocytes, la microglie et les neurones chez des patients atteints de maladie d'Alzheimer (Flanders et al., 1995; Peress et Perillo, 1995; van der Wal et al., 1993). Une suractivation de la voie TGFβ a également été observée dans d'autres pathologies neurodégénératives telles que la paralysie supranucléaire progressive, la sclérose amyotrophique latérale, la démence à corps de Lewy, la maladie de Parkinson, la maladie de Pick, la dégénérescence cortico-basale, ainsi qu'après des accidents vasculaires cérébraux (AVC) (Ali et al., 2001; Buisson et al., 2003; Krupinski et al., 1996; Lippa et al., 1995; Mogi et al., 1995). Ces observations conduisent à deux hypothèses radicalement opposées quant au rôle du TGFβ dans la dégénérescence neuronale. La première hypothèse est que le TGFβ aurait un rôle neuroprotecteur, il serait mis en jeu de façon réactionnelle à la dégénérescence. Cette hypothèse a été confirmée dans le cas des AVC. En effet il a été montré une surexpression de TGFβ1 après un AVC, qui va contrecarrer les effets délétères de l'activateur du plasminogène de type tissulaire (tPA) sur les récepteurs NMDA via la stimulation de la sécrétion astrocytaire de l'inhibiteur de type 1 du tPA (PAI-1) (Benchenane et al., 2004; Nicole et al., 2001). La deuxième hypothèse stipule que le TGFβ pourrait induire et/ou amplifier le phénomène de dégénérescence. Il a d'ailleurs été montré que la surexpression cérébrale de TGFβ1 chez la souris provoquait l'apparition de neuropathologies rappelant celles observées dans la MA (astrocytose périvasculaire, dépôts amyloïdes,…) (Wyss-Coray et al., 1997). A ce jour les résultats sont peu nombreux et n'infirment aucune des deux hypothèses. Il est d'ailleurs fort probable qu'en fonction du type de maladie, de son stade et du type cellulaire concerné, le TGFβ présente des effets opposés sur cette dégénérescence comme il a été observé sur des pathologies périphériques telles que les tumeurs du colon et du pancréas.

C. Interactions entre la voie TGFβ et les stéroïdes

La plupart des organes répond à la fois aux facteurs de croissance et aux stéroïdes (Ball et Risbridger, 2003). En effet ces deux voies sont impliquées dans l'organogenèse et la régulation fonctionnelle de différents organes tels que la prostate, les ovaires et les testicules. Elles sont, de plus, mises en jeu dans les pathologies impliquant soit une croissance désorganisée soit une dégénérescence cellulaire. Cependant la majeure partie des études a considéré ces deux voies séparément alors que certaines études suggèrent au contraire une interdépendance. En effet, il a été montré que la voie TGFβ était réprimée par les stéroïdes androgéniques (testostérone et DHT) et qu'en retour la synthèse de DHT était stimulée par le TGFβ (Antonipillai et al., 1995; Brodin et al., 1999; Kim et Kim, 1996; Wahe et al., 1993; Wikstrom et al., 1999). Cependant d'autres auteurs ont montré que des concentrations élevées de DHT stimulait la voie TGFβ pour entraîner un blocage de la croissance cellulaire (Kim et Kim, 1996; Lee et al., 1995). Des données récentes montrent également une interaction physique entre Smad3 et le récepteur aux androgènes ayant fixé l'hormone (testostérone ou DHT) au niveau du noyau (Chipuk et al., 2002; Gerdes et al., 1998; Hayes et al., 2001; Kang et al., 2001). Selon ces études cette interaction conduirait à une répression de la voie TGFβ et à une répression ou une facilitation de la transcription des gènes sous la dépendance des androgènes. Ces résultats ayant été obtenus à partir d'études sur des organes périphériques (prostates, gonades, placenta...), l'existence de telles interactions au niveau du cerveau est probable mais reste à vérifier.

Problématique

et

Hypothèses de Travail

PROBLEMATIQUE ET HYPOTHESES DE TRAVAIL

I. Problématique

Les données actuelles indiquent qu'une forte proportion d'individus âgés est atteinte de déficits mnésiques liés à l'âge touchant principalement la mémoire épisodique. Seule une faible proportion de sujets va évoluer vers une démence sénile, suggérant que les mécanismes sous-tendant la majorité des déficits mnésiques liés à l'âge diffèrent de ceux de la MA. Cependant, à ce jour on ne connaît pas l'origine de ces troubles. En effet, la majorité des études n'a pas trouvé d'altérations notables des structures classiquement associées à ce type de mémoire (hippocampe, cortex entorhinal). Une hypothèse suggère que ces troubles proviendraient de l'altération primaire d'une autre fonction neuropsychologique et donc d'autres systèmes neuronaux. En effet, le vieillissement est associé à un grand nombre de comorbidités neuropsychologiques (troubles de l'anxiété, de l'humeur, du sommeil). Parmi ces comorbidités, les troubles du sommeil ont la plus grande prévalence dans la population âgée. On estime qu'au moins 40% des personnes âgées souffrent de troubles du sommeil, caractérisés principalement par une baisse de l'amplitude du cycle circadien due à une fragmentation du sommeil. En outre, le sommeil est fortement impliqué dans la consolidation de la mémoire par son rôle prépondérant dans la réactivation neuronale des structures mises en jeu dans l'encodage de l'information.

L'objectif de ce travail de thèse était de mettre en évidence, par des approches comportementales, électrophysiologiques, anatomiques et moléculaires, **une liaison physiopathologique** entre les **altérations du cycle veille-sommeil liées à l'âge** et les **altérations mnésiques**. Au niveau cérébral, nous nous sommes focalisés sur l'étude d'une structure, **le noyau pédonculopontin du tegmentum (PPT)**, en raison de son rôle prépondérant dans la régulation du sommeil et de son rôle supposé dans la réactivation neuronale nécessaire à la consolidation de la mémoire. Au niveau moléculaire, nous avons cherché quels pouvaient être les mécanismes responsables de ces pathologies par l'étude de deux systèmes potentiels de régulation du PPT, **les neurostéroïdes** et **les facteurs trophiques**.

64

II. Hypothèses de travail

A. Mise en évidence du rôle du sommeil dans les altérations mnésiques de la sénescence.

S'il est connu que des perturbations expérimentales du cycle veille-sommeil chez le sujet jeune provoquent des altérations de la mémoire, en revanche aucune étude n'a pu démontrer que les perturbations naturelles du cycle veille-sommeil observées au cours du vieillissement pouvaient prédire l'ampleur des perturbations mnésiques.

Nous avons émis l'hypothèse que l'altération du sommeil liée à l'âge pouvait prédire les altérations mnésiques observées au cours du vieillissement.

Pour cela nous avons évalué chez des rats si l'altération liée à l'âge du rythme circadien de veille-sommeil, mesuré par actigraphie et polysomnographie, pouvait prédire les altérations de la mémoire contextuelle évaluées par le test du labyrinthe aquatique.

➤ Publication N°1

Ce travail a permis de mettre en évidence que la diminution de l'amplitude du cycle circadien associée à une fragmentation du sommeil lent pouvait prédire l'intensité des altérations mnésiques. Ces résultats confirment l'hypothèse principale et suggèrent que l'origine neurobiologique de ces troubles pourrait être l'altération des structures cholinergiques pontiques.

B. Dégénérescence des neurones cholinergiques du PPT

De toutes les régions cérébrales impliquées dans la régulation du cycle veille-sommeil et de la mémoire, les neurones cholinergiques du PPT occupent une place prépondérante (Hobson, 1992). Il est donc très probable que les neurones cholinergiques du PPT soient impliqués dans la consolidation mnésique par le sommeil et que leur altération au cours du vieillissement soit en partie responsable des déficits mnésiques.

Nous avons émis l'hypothèse que les altérations du cycle veille-sommeil pourraient provenir de la dégénérescence des neurones cholinergiques du PPT.

Pour cela nous avons évalué l'intégrité des neurones cholinergiques par microscopie optique et électronique chez des rats âgés présentant ou non des altérations du cycle veille-sommeil.

> Publication N°1

Ce travail a permis de mettre en évidence que l'altération du cycle veille-sommeil chez le sujet âgé était liée à une atrophie des neurones cholinergiques du PPT, en absence de toute mort neuronale. Ces résultats suggèrent une dérégulation à la fois trophique et fonctionnelle du PPT chez les individus atteints de troubles du cycle veille-sommeil.

C. Dérégulation du PPT

De nombreux arguments suggèrent que les neurones cholinergiques du PPT pourraient être régulés par un facteur trophique peu étudié au niveau du système nerveux central, le TGFβ, ainsi que par une nouvelle classe de neuromodulateurs, les neurostéroïdes. De plus de nombreuses études effectuées en périphérie montrent que ces deux voies interagissent de façon croisée dans la régulation trophique des cellules. Il apparaissait donc crucial de préciser l'existence de ces deux voies au sein du PPT et de voir si leur dérégulation pouvait prédire les troubles du sommeil et de la mémoire observés au cours du vieillissement.

1) Dérégulation de la voie du TGFβ au niveau du PPT

Comme nous l'avons vu, les neurones cholinergiques du PPT se distinguent des autres neurones cholinergiques centraux par leur expression spécifique du récepteur de type II du TGFβ. Le TGFβ est impliqué dans la régulation du volume cellulaire et de la balance prolifération/apoptose en périphérie. De plus une augmentation de TGFβ a été observée dans le liquide céphalorachidien dans certaines pathologies neurodégénératives.

Nous avons émis l'hypothèse que les altérations du cycle veille-sommeil pourraient provenir de l'altération de la voie de transduction du TGFβ au niveau du PPT.

Pour cela nous avons évalué l'intégrité de la voie de transduction du TGFβ au niveau du PPT par la technique du *western blot* chez des rats âgés ayant ou non des altérations du cycle veille-sommeil.

> Publication N°1

Ce travail a permis de mettre en évidence que l'altération du cycle veille-sommeil chez le sujet âgé était liée à l'activation excessive des messagers secondaires spécifiques de la voie du TGFβ (Smad2 et Smad3) au niveau du PPT.

2) Dérégulation des neurostéroïdes au niveau du PPT

Des données montrent que le sommeil serait régulé par une nouvelle classe de neuromodulateurs endogènes, les neurostéroïdes, via la modulation des neurones cholinergiques centraux. Il a été montré que le sulfate de pregnénolone (PregS) administré au niveau du NBM augmentait les quantités de sommeil paradoxal. Cependant on ne sait pas à ce jour si les neurostéroïdes peuvent moduler les neurones cholinergiques du PPT.

Nous avons émis l'hypothèse que les neurostéroïdes pourraient moduler le sommeil par une action sur le PPT.

Pour cela nous avons administré des doses croissantes de PregS au niveau du PPT et enregistré les paramètres du sommeil par polysomnographie chez le rat jeune.

➤ Publication N°2

Ce travail a permis de mettre en évidence la modulation par les neurostéroïdes du sommeil lent et du sommeil paradoxal par une action directe sur le PPT. Ces résultats suggèrent un rôle physiologique des neurostéroïdes dans la régulation du PPT. Il était donc crucial de préciser le rôle des neurostéroïdes endogènes au niveau du PPT et de démontrer leur existence et leur implication dans les altérations hypniques et mnésiques liées à l'âge.

Nous avons émis l'hypothèse que les neurostéroïdes étaient présents de façon endogène dans le PPT et qu'ils subissaient une altération au cours du vieillissement pouvant prédire les perturbations hypniques et mnésiques.

Pour cela nous avons évalué les concentrations de 8 stéroïdes simultanément par la technique de chromatographie gazeuse couplée à la spectrométrie de masse (GC/MS) au niveau du PPT dans 4 groupes de rats âgés de 3, 10, 16, 22 mois et dont le cycle veille-sommeil et la mémoire avaient été préalablement évalués.

➤ Publication N°3

Ce travail a permis de mettre en évidence que certains neurostéroïdes étaient présents au niveau du PPT, que leurs concentrations variaient au cours du vieillissement et que les concentrations de certains d'entre eux pouvaient prédire les altérations du cycle veille-sommeil et de la mémoire.

Liste des publications :

Publication n°1 : page 81

George O., Parduz A., Dupret D., Le Moal M., Piazza P.V., Mayo W. TGFβ signalling-dependent degeneration of cholinergic pedunculopontine neurons as a pathophysiological mechanism of age-related sleep-dependent memory impairments. Soumis à Neuron.

Publication n°2: page 106

Darbra S.*, George O.*, Bouyer J.J., Piazza P.V., Le Moal M., Mayo W. (2004) Sleep-Wake States et Cortical Synchronization Control by Pregnenolone Sulfate Into the Pedunculopontine Nucleus. Journal of Neuroscience Research 76:742-747.

*Co-auteurs

Publication n°3: page 113

George O., Vallée M., Vitiello S., Kharouby M., Le Moal M., Piazza P.V., Mayo W. Steroid concentrations in the PPT predict age-associated sleep/memory impairments. En soumission à Proc. Nat. Acad. Sci.

Considérations
Méthodologiques

CONSIDERATIONS METHODOLOGIQUES

Le but de cette section n'est pas de faire une description exhaustive des techniques utilisées au cours de ce travail de thèse - détaillées dans les publications - mais d'exposer brièvement l'intérêt conceptuel ou technologiques de certaines d'entre-elles.

I. Analyse comportementale

A. Evaluation du cycle veille-sommeil

Afin d'évaluer les paramètres du cycle circadien de veille-sommeil chez le rat nous nous sommes basés sur les travaux effectués antérieurement chez l'humain et le rongeur, montrant que la mesure de l'activité ambulatoire est une mesure très fidèle du rythme veille-sommeil (Carvalho et al., 2003; Chou et al., 2003; Elbaz et al., 2002; Ohrstrom, 2002). De plus les critères diagnostiques des altérations du cycle circadien de veille-sommeil chez l'humain (syndrome de décalage de phase et cycle irrégulier) reposent sur une mesure sur 7 jours du cycle veille-sommeil par actimétrie (Dagan, 2002). Pour effectuer cette mesure nous avons placé les rats dans des couloirs circulaires équipés de cellules photoélectriques permettant la détection des mouvements locomoteurs de l'animal (Figure 14A). Cette mesure à été effectuée sur 7 jours par tranches de 20 minutes avec un cycle jour-nuit de

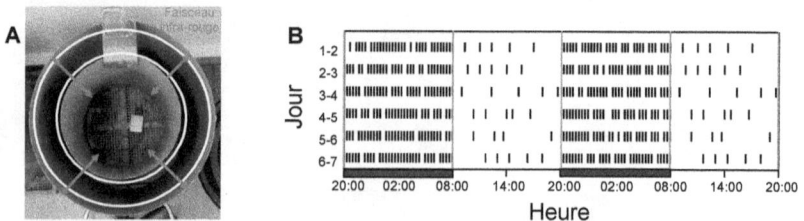

Figure 14. Mesure de l'activité locomotrice au cours du cycle circadien.

(A) Corridor circulaire utilisé pour l'enregistrement actimétrique. La coupure des faisceaux infra-rouge permet la détection du mouvement. (B) L'évaluation des troubles du cycle veille-sommeil est réalisée à partir de la représentation actographique de l'activité locomotrice du sujet. Chaque ligne correspond à deux jours successifs et chaque trait signifie la présence d'une activité locomotrice par période de vingt minutes. La barre noire inférieure signale la période nocturne.

12h (obscurité à 20h00). Ce type de mesure permet de construire des actogrammes représentant l'activité locomotrice de l'animal au cours de la semaine (Figure 14B). Chaque ligne correspond à deux jours successifs (J1-J2, J2-J3,…), chaque trait correspond à une valeur d'activité locomotrice sur 20 minutes qui est supérieure à la moyenne de l'activité sur 24h.

B. Évaluation de la mémoire explicite/implicite

Afin d'évaluer les capacités mnésiques nous avons utilisé l'épreuve du labyrinthe aquatique. Ce test permet, en faisant varier le protocole, d'évaluer la mémoire explicite contextuelle à court terme et à long terme ainsi que la mémoire implicite à court terme. La tendance naturelle du rat dans ce test est de rechercher une sortie (la plateforme) afin d'éviter l'eau (milieu aversif). Au premier essai un rat âgé va trouver la plateforme par chance en explorant l'espace au hasard. La plateforme atteinte, le rat est laissé sur celle-ci pendant 30 secondes de façon à ce qu'il puisse repérer et mémoriser l'emplacement de la plateforme par rapport à l'ensemble des indices distaux situés dans la pièce (encodage contextuel). Lors des trois essais suivants, séparés de 30 secondes, les performances du rat pour retrouver la plateforme vont s'améliorer (diminution de la distance parcourue) (Figure 15A), ce qui

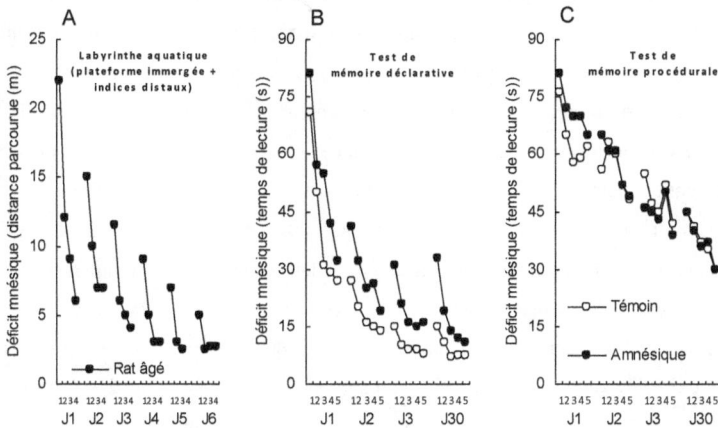

Figure 15. Comparaison des performances dans le test du labyrinthe aquatique chez le rat et dans deux tests de mémoire déclarative et procédurale l'homme (adaptée de Cohen et Squire 1980).

(A) Performances d'un rat âgé (22 mois) dans le test du labyrinthe aquatique avec une plateforme immergée et des indices distaux (spatiaux). (B, C) Performances de sujets témoins et de sujets amnésiques dans le test de mémoire déclarative (B) et de mémoire procédurale (C). On remarque une très forte similitude entre les performances dans le labyrinthe aquatique (A) et le test de mémoire déclarative (B). Dans les deux tests les faibles performances lors du premier essai démontrent l'existence d'un oubli de l'information encodée 24h plus tôt et donc la présence d'un processus de mémorisation à long terme de type explicite.

montre l'existence d'une mémoire à court terme. L'insertion après ces quatre essais d'un délai de 24 heures va perturber les performances, mais uniquement pour le premier essai qui correspond au rappel de l'information contextuelle encodée 24h plus tôt. Jour après jour, les performances lors du premier essai s'améliorent consécutivement à la consolidation mnésique et à l'amélioration des performances de rappel. Ce type d'apprentissage rappelle très fortement celui qui a permis de dissocier chez l'humain la mémoire déclarative (dénommée à l'origine « Knowing How » (savoir comment) par Cohen et Squire) et la mémoire procédurale (dénommée à l'origine « Knowing That » (savoir que) par Cohen et Squire) chez des patients amnésiques atteints du syndrome de Korsakoff (Figure 15B, C) (Cohen et Squire, 1980). En effet, dans une tâche de mémoire déclarative avec le même délai que dans le labyrinthe aquatique, les patients amnésiques atteints du syndrome de Korsakoff ont des performances plus faibles que les témoins lors du premier essai de chaque journée (délai de 24 heures) et s'améliorent pendant les essais suivants (délai de quelques secondes). En revanche dans une tâche de mémoire procédurale les patients amnésiques sont capables d'améliorer leurs performances d'un jour à l'autre, comme les sujets témoins et ceci indépendamment du délai (Figure 15C). La remarquable similarité des courbes d'apprentissages A et B montre bien que pendant les premiers jours d'apprentissage du labyrinthe aquatique chez le rat deux types de mémoire sont mis en jeu, une mémoire contextuelle à court terme (lors des essais 2, 3 et 4 de chaque journée) et une mémoire contextuelle à long terme (mise en jeu essentiellement lors du premier essai de chaque journée). La similarité des courbes d'apprentissages A et B ne signifie pas que l'on puisse attribuer au rat une mémoire déclarative comme chez l'homme mais indique cependant que certaines caractéristiques essentielles de la mémoire déclarative épisodique sont retrouvées chez le rat, telles que la contextualisation des informations, leur consolidation progressive et la nécessité du rappel explicite de l'information. Enfin, il est possible de tester la mémoire implicite à court terme dans ce même test, en utilisant un indice proximal au dessus de la plateforme. Avec ce type de protocole le rat va améliorer ses performances de façon extrêmement rapide, le rappel de l'information étant guidé par le stimulus proximal (rappel implicite). Ce type d'apprentissage se rapproche très fortement des tâches de mesure des habiletés perceptivo-motrices utilisées chez l'humain.

II. Analyse électrophysiologique du sommeil

Le rat possède comme l'homme trois stades de vigilances qui sont : l'éveil, le sommeil lent et le sommeil paradoxal. Ces trois stades peuvent être différenciés par leurs caractéristiques électrophysiologiques déterminées par un enregistrement EEG/EMG (Cf. Introduction). Afin de minimiser les perturbations exogènes du sommeil, les rats étaient enregistrés par séries de 8 dans des cages isolées et équipées de ventilation et d'éclairage autonome (Figure 16). La détermination des états de vigilance a été réalisée au moyen de deux méthodes. La première -utilisé dans la publication n°3-, est une analyse semi-automatique reposant sur l'utilisation d'un logiciel informatique mis au point au laboratoire par le Dr J.J. Bouyer (Bouyer et al., 1997; Bouyer et al., 1998; Koehl et al., 2002). Ce logiciel effectue une transformation rapide de Fourier (FFT) sur chaque épisode de 30 secondes de façon à créer un spectre de puissance (SDP) pour chaque épisode. Ce SDP représente la puissance (μV^2) en fonction de la fréquence du signal EEG (Hz). Une fois l'enregistrement terminé l'expérimentateur va créer manuellement 3 SDP de références (SDPref) correspondant aux 3 stades de vigilances (EV, SL, SP) ; chaque SDPref est obtenu par le moyennage de 30 à 100 SDP parmi l'ensemble des SDP de l'enregistrement sélectionnés comme caractéristiques d'un stade de vigilance donné. Une fois cette étape réalisée le logiciel

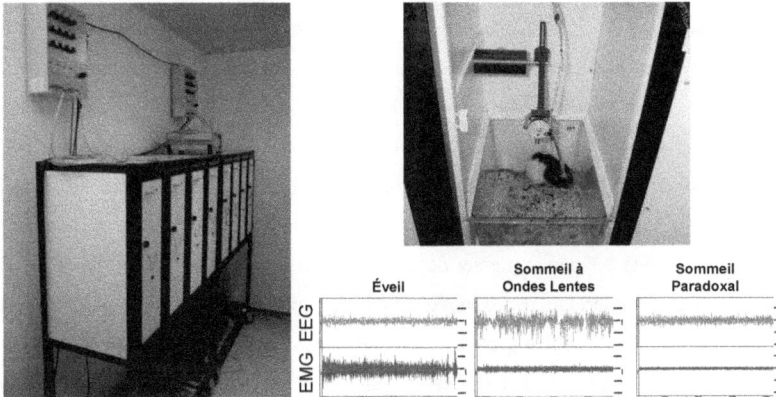

Figure 16. Système expérimental d'enregistrement du sommeil

L'image de gauche représente les 8 cages insonorisées pour l'enregistrement du sommeil. L'image de droite montre l'intérieur d'une cage. On y distingue un rat en enregistrement, les signaux EEG/EMG sont amplifiés numérisés et visualisés en continu. Un exemple d'enregistrement de chaque épisode de vigilance est représenté.

va comparer chaque SDP aux SDPref et ainsi déterminer automatiquement chaque stade de vigilance. Une analyse en double aveugle réalisée chez le rat jeune a montré moins de 3% d'incertitude entre ce type d'analyse et une analyse visuelle classique.

La deuxième méthode, (utilisée dans la publication n°1), est une analyse visuelle classique de l'EEG/EMG (Datta et Hobson, 2000). Cette technique a été utilisée pour l'étude du sommeil chez le rat âgé, car dans ce cas la méthode semi-automatique conduisait à un nombre trop important d'erreurs dû notamment à une confusion entre l'EV et le SP.

III. Quantification des stéroïdes par GC/MS

Les stéroïdes sont des molécules très proches d'un point de vue structural, mais différentes d'un point de vue pharmacologique (Rupprecht et Holsboer, 1999). La technique classique de détection des stéroïdes est le dosage radio immunologique (RIA) ; cette technique possède un seuil de sensibilité convenable mais sa faible précision et sa faible reproductibilité notamment due au manque de spécificité des anticorps utilisés ne permet pas d'éviter les réactivités croisées pour d'autres stéroïdes et de mesurer simultanément plusieurs stéroïdes dans le même échantillon (Vallée et al., 2000; Wolthers et Kraan, 1999). Afin de mesurer simultanément les concentrations endogènes de plusieurs stéroïdes plasmatiques et cérébraux (T, DHT, Preg, AlloP, THDOC, pregnanolone et épiallopregnanolone, cf. Introduction-Section IV, Figure 12) nous avons utilisé, en collaboration avec le Dr M. Vallée, la technique la plus sensible et la plus spécifique à ce jour, il s'agit de la chromatographie en phase gazeuse (GC) couplée à la spectrométrie de masse (MS) (GC/MS) en mode d'ionisation chimique négative par capture d'électron (NCI). Cette technique permet de séparer les stéroïdes en fonction de leur point de vaporisation et de leur affinité pour la phase stationnaire de la GC et de mesurer leur masse par la MS en fonction de leur rapport masse/charge (m/z). La spécificité de cette technique permet de discriminer deux stéroïdes ne différant que par leur structure stéréoisomérique, par exemple l'AlloP et l'épiallopregnanolone qui ne diffèrent que par la position α ou β de leur groupe hydroxyle en position C3. Concernant la sensibilité de cette technique, la limite de détection des stéroïdes est inférieure à 1 fmole ce qui correspond à une concentration de l'ordre de 0.1 nM dans un échantillon de 10mg.

IV. Analyses statistiques

Dans la majeure partie des études réalisées nous avons utilisé des analyses statistiques élémentaires (analyse de la variance, test de student ou corrélation simple), à l'exception de la publication n°3 dans laquelle nous avons utilisé la régression multiple. Il s'agit en effet de la méthode préconisée lorsque l'on veut étudier les relations existant entre plusieurs variables (>2). La régression multiple étant peu utilisée en neurobiologie (à l'inverse de l'épidémiologie), nous allons brièvement décrire son principe et son intérêt.

L'objectif général de la régression multiple est de prédire (au sens mathématique) la valeur d'une variable dépendante (dans notre cas, l'amplitude du cycle veille-sommeil ou la mémoire) à l'aide de plusieurs variables indépendantes ou prédictives (dans notre cas, les concentrations des différents stéroïdes). Le problème statistique qui se pose est d'ajuster une droite sur un certain nombre de points. Dans le cas d'un espace à deux dimensions (corrélation simple) la droite de régression est définie par l'équation $Y=a+b*X$; en d'autres termes : la variable Y peut s'exprimer par une constante (a) et une pente (b) multipliée par la variable X. Dans le cas multivarié, la droite de régression ne peut être représentée dans un espace à deux dimensions, mais peut tout de même être calculée sous la forme $Y=a+b_1X_1+b_2X_2+...+b_iX_i$. Dans cette équation, les coefficients de régression (ou coefficients b) représentent les contributions séparées de chaque variable indépendante X_i à la prévision de la variable dépendante Y. La variable X_i est ainsi corrélée avec la variable Y, après contrôle de toutes les autres variables indépendantes. Ces corrélations partielles peuvent alors être représentées en utilisant la variable dépendante Y, corrigée par rapport aux effets des autres variables indépendantes non représentées dans la corrélation partielle, pour obtenir une variable dépendante Y'. En d'autres termes, cela permettra dans notre cas d'identifier quels stéroïdes prédisent au mieux l'amplitude du cycle veille-sommeil ou les capacités mnésiques.

Résultats

RESULTATS

I. Synthèse des résultats

Le but de ce travail était de mettre en évidence chez le rongeur le rôle des altérations du cycle veille-sommeil liées à l'âge dans les troubles mnésiques et de préciser quelle pourrait être l'origine neurobiologique de ces troubles.

A. Mise en évidence du rôle du sommeil dans les altérations mnésiques de la sénescence.

L'analyse par actimétrie et polysomnographie du cycle veille-sommeil nous a permis de montrer l'existence d'une **altération du cycle veille-sommeil** au cours du vieillissement chez le rat. Cette altération est caractérisée par une diminution de l'amplitude du cycle circadien de veille-sommeil. Tout comme chez l'homme, tous les individus ne présentent pas ce déficit et ceux qui le présentent ne sont pas tous atteints avec la même intensité. Ainsi, au sein d'une population de rats âgés, certains individus ont une amplitude de cycle similaire à celle des individus jeunes (sujets HA pour *High Amplitude*), alors que d'autres ont une amplitude de cycle faible, voire nulle (sujets LA pour *Low Amplitude*). Ainsi 30% des rats âgés de 16 mois et 88% des rats âgés de 22 mois ont une amplitude de cycle inférieure à la moyenne des rats jeunes et adultes moins 1 écart type (sujets marqués en rouge dans la figure 17A) (publications n°1, 3). Cette altération pourrait donc débuter chez des rats moyennement âgés (entre 10 et 16 mois). Cette baisse de l'amplitude est une conséquence d'une désorganisation temporelle des épisodes de veille et de sommeil au cours du nycthémère, aboutissant à une **fragmentation spécifique des épisodes de sommeil lent**. On observe ainsi que les individus LA ont une diminution de la durée des épisodes d'éveil et de sommeil lent avec une augmentation du nombre des épisodes de sommeil lent (Figure 18) (publication n°1). Parallèlement à ces altérations nous avons observé chez ces individus des **perturbations de la mémoire explicite** (Figure 19). De plus, les altérations de la mémoire explicite chez ces sujets sont corrélées positivement aux altérations du cycle veille-sommeil.

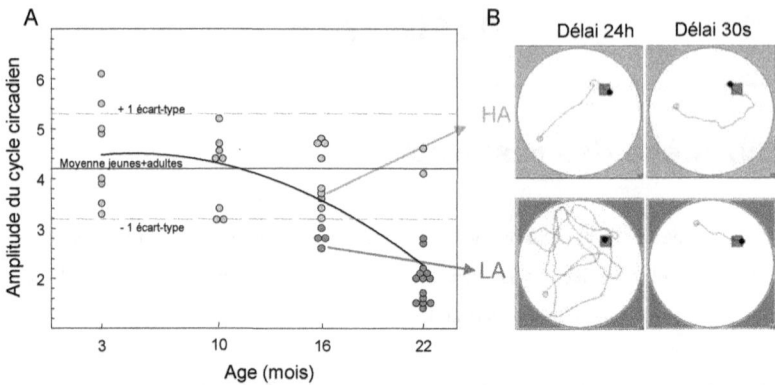

Figure 17. Différences individuelles dans l'atteinte de l'amplitude du cycle circadien et de la mémoire au cours du vieillissement.

(A) Amplitude du cycle circadien d'activité locomotrice dans les 4 groupes d'âge : Jeunes (3 mois), Adultes (10 mois), Moyennement âgés (16 mois) et Âgés (22 mois). 30% des rats de 16 mois et 88% des rats de 22 mois (en rouge) se situent en dessous de 1 écart-type de la moyenne des jeunes et des adultes. Les données ont été ajustées par à une régression polynomiale de troisième ordre (ligne noire). (B) Exemples représentatifs des performances d'un individu HA (amplitude du cycle circadien=3.6) et d'un individu LA (amplitude du cycle circadien=2.6) dans la tâche du labyrinthe aquatique lors d'un essai après un délai de 24h et d'un essai après un délai de 30s. Les cercles jaune et noir correspondent respectivement au point de départ et d'arrivée de l'animal. Le tracé noir correspond au trajet réalisé et le carré rouge correspond à la plateforme immergée. On peut noter que l'individu LA parcourt une plus grande distance pour trouver la plateforme que l'individu HA lors du délai de 24h alors que sa performance est identique au HA avec un délai de 30s.

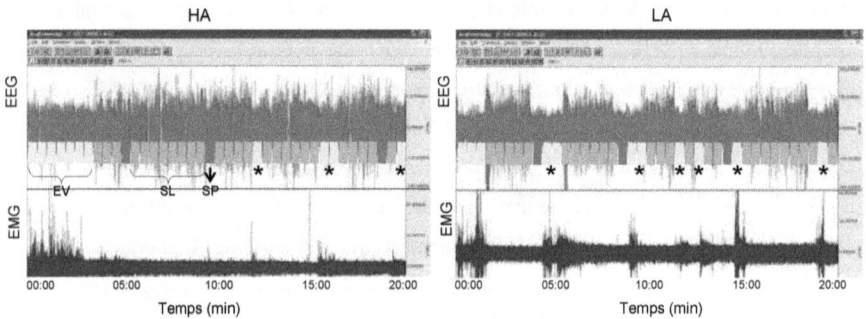

Figure 18. Les individus LA ont une fragmentation spécifique du sommeil lent.

Exemples d'enregistrements EEG/EMG obtenus chez un individu HA et un individu LA, correspondant à 20 minutes d'enregistrement sélectionnées pendant la période de repos de l'animal (période diurne). Entre l'EEG et l'EMG est représenté l'ensemble des épisodes de 30s caractérisés comme de l'éveil (☐), du sommeil lent (▨) ou du sommeil paradoxal (▩). On observe que l'individu LA possède une fragmentation du sommeil lent plus importante que l'individu HA due à l'intrusion d'épisodes d'éveil pendant le sommeil (*).

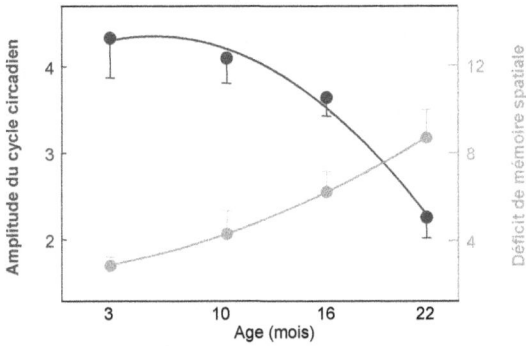

Figure 19. Evolution parallèle des altérations du cycle circadien et de la mémoire au cours du vieillissement.

Au cours du vieillissement on observe une diminution de l'amplitude du cycle circadien (bleue) associée à une augmentation des déficits de mémoire spatiale (orange). Ces altérations semblent débuter entre 10 et 16 mois. Les valeurs correspondent à la moyenne ± ESM, les courbes correspondent à une régression polynomiale de troisième ordre.

Ainsi les rats âgés ayant une faible amplitude du cycle circadien d'activité locomotrice (LA) parcourent une plus grande distance pour atteindre la plateforme immergée dans le labyrinthe aquatique que les rats HA (Figure 17B) (publications n°1, 3). De plus cette atteinte touche principalement la **mémoire explicite à long terme** (délai de rétention de 24h) car la mémoire explicite à court terme (délai de rétention de 30s) et la mémoire implicite à court terme ne sont pas altérées (la mémoire implicite à court terme à été testée dans le labyrinthe aquatique avec une plateforme indicée de façon proximale) (publication n°1). Les résultats obtenus dans les différents groupes expérimentaux (publications n°1, 3) montrent que 33% à 66% des altérations liées à l'âge de la mémoire explicite à long terme peuvent être expliquées par les altérations du cycle veille-sommeil (ces pourcentages correspondent aux valeurs de r^2 obtenues a partir des régressions linéaires simples). De plus nous avons montré par une étude transversale (publication n°3) que les individus atteints de déficits mnésiques avaient également une altération du cycle veille-sommeil sans que la réciproque soit vraie, suggérant ainsi que l'atteinte du cycle veille-sommeil serait **primaire** par rapport à l'atteinte de la mémoire.

En résumé, ces résultats confirment donc l'hypothèse d'une liaison physiopathologique allant des altérations du cycle veille-sommeil de la sénescence vers les altérations mnésiques et suggèrent que les structures de régulation du sommeil, telles que le noyau pédunculopontin du tegmentum pourraient être à l'origine de ces troubles.

B. Dégénérescence des neurones cholinergiques du PPT

Nous montrons également (par des études de microscopie optique et électronique après marquage immunohistochimique des neurones cholinergiques) que l'altération du cycle veille-sommeil chez les individus âgés est associée à une **dégénérescence des neurones cholinergiques** situés dans la partie postérieure du noyau pédonculopontin du tegmentum (PPT). Cette dégénérescence du PPT est due à une atrophie des neurones cholinergiques. On observe ainsi chez les individus ayant une faible amplitude du cycle veille-sommeil (LA) un décalage vers la gauche (petites tailles de neurones) de la courbe représentant la population de neurones cholinergiques en fonction de leur taille (Figure 20). Ainsi les individus LA ont près de deux fois plus de neurones cholinergiques de petite taille ($<100\mu m^2$) et deux fois moins de neurones cholinergiques de grande taille ($>150\mu m^2$) que les individus avec une forte amplitude du cycle veille-sommeil (HA). Ces neurones de petite taille présentent également quatre fois plus de **dépôts intracellulaires de lipofuscine** que les neurones de grande taille (publication n°1). Cette dégénérescence du PPT n'est pas liée à une mort cellulaire exagérée car le nombre total de neurones cholinergiques ainsi que le nombre de neurones en apoptose est similaire chez tous les individus (publication n°1). Enfin, nous avons montré que cette dégénérescence était spécifique des neurones cholinergiques de la partie postérieure du PPT car la taille et le nombre des neurones cholinergiques de la partie antérieure du PPT est identique chez les individus HA et LA.

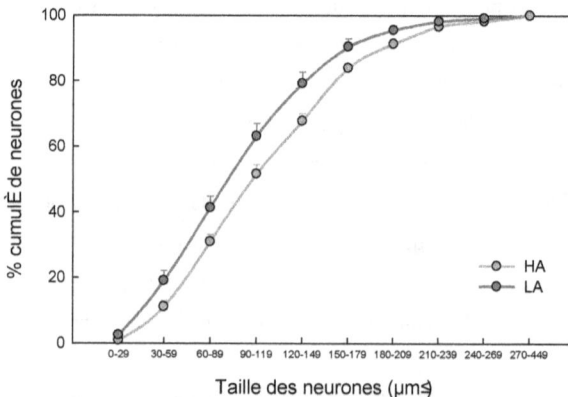

Figure 20. Les individus LA présentent une atrophie des neurones cholinergiques.

Représentation de la proportion de neurones cholinergiques, en pourcentage cumulé, dans chaque classe de taille de neurones. On observe un décalage vers la gauche de la courbe des individus LA, représentant une diminution globale de la taille des neurones cholinergiques.

Nous avons donc mis en évidence au niveau anatomique, qu'une altération du cycle veille-sommeil chez le sujet âgé était liée à une dégénérescence des neurones cholinergiques du PPT. Ces résultats suggèrent une dérégulation trophique des neurones cholinergiques du PPT chez les individus atteints de troubles du cycle veille-sommeil. L'altération du sommeil chez ces sujets suggère également une dérégulation fonctionnelle des neurones cholinergiques du PPT.

C. Dérégulation du PPT

Notre travail a également permis de mettre en évidence différents mécanismes moléculaires pouvant expliquer cette dégénérescence.

1) Dérégulation de la voie du TGFβ au niveau du PPT

Nous avons montré que les altérations du cycle veille-sommeil et de la mémoire au cours du vieillissement sont associées à une **dérégulation de la voie de transduction du TGFβ** au niveau du PPT. Les individus âgés ayant des altérations du cycle veille-sommeil et de la mémoire (individus LA) ont ainsi une suractivation de la voie TGFβ-Smad au niveau du PPT caractérisée par une quantité excessive des formes phosphorylées (activées) des Smad2 et Smad3 au niveau nucléaire par rapport à des individus jeunes ou âgés HA (publication n°1). En revanche, les quantités cytoplasmiques des formes phosphorylées des Smad2 et Smad3 ainsi que de la Smad7 (Smad inhibitrice) sont similaires chez tous les individus (Figure 21).

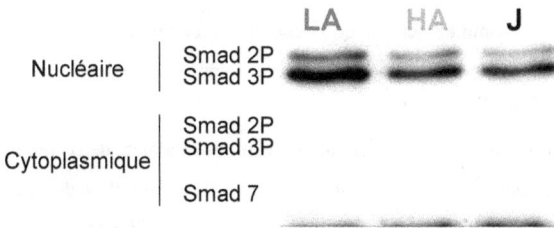

Figure 21. Les individus LA possèdent plus de Smad-2P et de Smad-3P au niveau nucléaire que les individus HA.

Exemples représentatifs de la quantité des protéines Smad-2P, Smad-3P et Smad-7 aux niveaux nucléaires et cytoplasmiques chez un individu LA, HA et jeune (J). On note chez les LA une quantité excessive des Smad-2P et Smad-3P nucléaires par rapport aux HA ou aux J. En revanche, les quantités cytoplasmiques des Smad-2P, Smad-3P et Smad-7 sont équivalentes.

2) Dérégulation des neurostéroïdes au niveau du PPT

L'analyse par chromatographie en phase gazeuse couplée à la spectrométrie de masse nous a permis de mettre en évidence pour la première fois la présence de différents stéroïdes au sein du PPT tels que la testostérone (Testo), la dihydrotestostérone (DHT), la pregnénolone (Preg), l'allopregnanolone (AlloP) et l'allotetrahydrodéoxycorticostérone (THDOC). Nous montrons qu'au cours du vieillissement il existe une augmentation de la concentration de ces stéroïdes, à l'exception de la Testo qui diminue (publication n°3). Nous avons montré également que **les concentrations de certains de ces stéroïdes** (T, DHT, Preg, AlloP) au niveau du PPT, **étaient liées aux altérations du sommeil et de la mémoire chez des sujets âgés** (16 et 22 mois). Plus précisément les individus présentant des concentrations élevées de Testo, de DHT et d'AlloP au sein du PPT possédaient des altérations du cycle veille-sommeil et de la mémoire alors que les individus présentant des concentrations élevées de Preg au sein du PPT étaient préservés (Figure 22) (publication n°3).

Enfin, l'administration dans le PPT du métabolite le plus actif de la Preg -sa forme sulfatée : PregS- **modifie de façon dose-dépendante la régulation du sommeil** chez l'animal jeune. A faible concentration, le PregS augmente le temps passé en sommeil paradoxal sans modifier notablement l'éveil et le sommeil lent. En revanche, si l'on augmente sa concentration, le PregS va également augmenter le temps passé en sommeil lent ainsi que la tendance à l'endormissement pendant l'éveil et ceci sans entraîner de fragmentation (publication n°2). Ainsi, des quantités élevées de PregS favoriseraient l'apparition et le maintien des épisodes de sommeil lent et de sommeil paradoxal. Ces résultats confirment ainsi le rôle causal des neurostéroïdes dans les processus hypniques contrôlés par les neurones du PPT.

Nous avons ainsi mis en évidence au niveau moléculaire deux mécanismes de dérégulation du PPT associés aux altérations du cycle veille-sommeil et de la mémoire au cours du vieillissement. Ainsi une altération de la voie trophique TGFβ-Smad et de la voie de synthèse des neurostéroïdes pourrait être responsable des troubles du sommeil liés à la sénescence et *in fine* des troubles de la mémoire explicite.

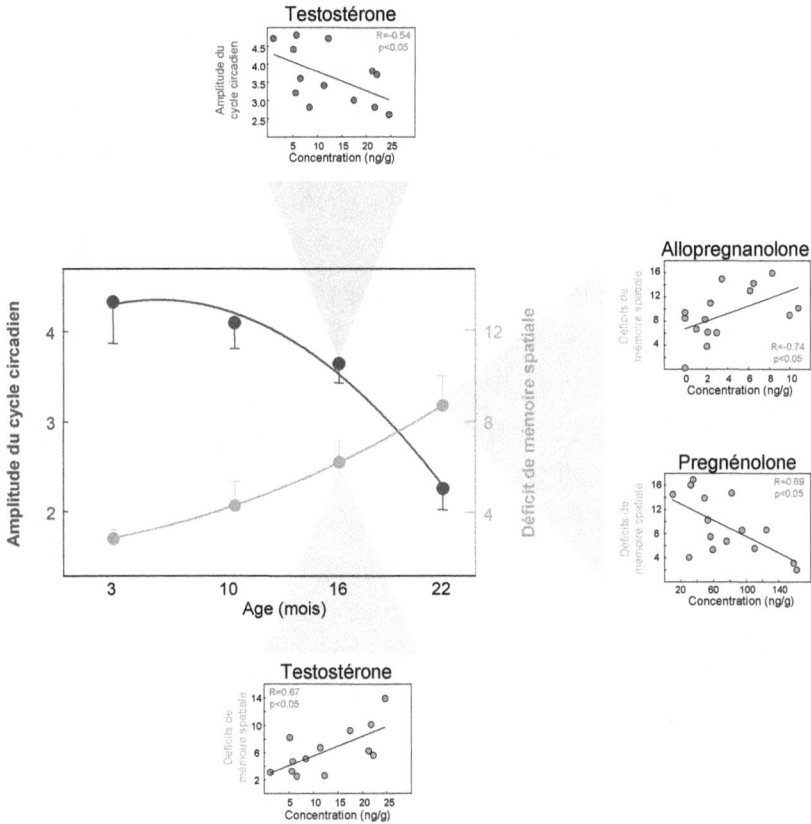

Figure 22. Les altérations de l'amplitude du cycle circadien et de la mémoire au cours du vieillissement sont liées aux concentrations en neurostéroïdes dans le PPT.

Au cours du vieillissement on observe une décroissance de l'amplitude du cycle qui est parallèle à l'augmentation des déficits mnésiques. A l'âge de 16 mois, les concentrations de la testostérone dans le PPT sont corrélées négativement à l'amplitude du cycle et positivement aux altérations de la mémoire. A l'âge de 22 mois, les concentrations de l'AlloP sont corrélées positivement aux altérations de la mémoire alors que les concentrations de Preg sont corrélées négativement aux altérations de la mémoire.

D. Conclusions

L'ensemble de ces résultats montre pour la première fois l'existence d'une liaison physiopathologique allant des altérations du cycle veille-sommeil liées à l'âge vers les altérations de la mémoire explicite. Cette liaison aurait comme base neuropathologique la dégénérescence spécifique des neurones cholinergiques de la partie postérieure du PPT et serait dépendante de la dérégulation à la fois de la voie TGFβ-Smad et de la stéroïdogenèse centrale et périphérique.

II. Publications

Publication n°1 :

TGFβ signalling-dependent degeneration of cholinergic pedunculopontine neurons as a pathophysiological mechanism of age-related sleep-dependent memory impairments

George O*, Parducz A†, Dupret D*, Le Moal M*, Piazza PV*, Mayo W*.

* INSERM U588, Université de Bordeaux II, 1 rue Camille Saint Saëns, 33077 Bordeaux, France.

† Laboratory of Molecular Neurobiology, Institute of Biophysics, Biological Research Center, 6701, Szeged, Hungary.

Abstract

In humans, age-associated memory impairments are highly prevalent in the aged population, but their functional and structural origins are still unknown. One hypothesis is that they are secondary to comorbid diseases, and circadian rhythm sleep disorders that exhibit similar prevalence could be one of them. We demonstrate using a naturalistic animal model that age-dependant disruption of the sleep/wake circadian rhythm (associated with a slow wave sleep fragmentation) can predict spatial memory impairment. We show by light and electron microscopy that a possible biological basis of these impairments is a degeneration of cholinergic neurons of the pedunculopontine nucleus (PPT), a structure known to be involved in sleep and cognitive functions and which is altered during aging. Finally, we demonstrated that a trophic deregulation of the PPT occurred in aged impaired rats, involving an over activation of the TGFß-Smad cascade, a signalling pathway involved in neurodegeneration. In conclusion these results provide a new pathophysiological mechanism of age-associated memory impairments opening the ground for the development of new therapeutic approaches of these pathologies.

Introduction

Human aging is associated with impairments of episodic and contextual memories that range from mild to severe deficits including dementia (1, 2). Pathophysiological origins of severe deficits, for example Alzheimer's disease, which are observed in around 1% to 8% of the aged population (3), have been largely investigated at the neurological, cellular and genetic levels. In contrast, very little is known on the determinants of mild deficits while age-associated memory impairments (AAMI) are highly prevalent and observed in 22% to 56% of the aged population (>65 yrs) (4-7).

It has been hypothesized that AAMI were secondary to one or more comorbid diseases (8), since several brain functions known to influence memory performances like attention, affective state and sleep, are altered during aging (9, 10). In particular, alterations of the sleep/wake circadian rhythm have been advocated as potential pathophysiological factors for the following evidences. First, sleep/wake circadian rhythm amplitude decreases is one of the most marked change observed during aging (11, 12). Second, sleep disorders and circadian rhythm sleep disorders exhibit a similar prevalence than AAMI, touching up to 40% of aged subjects (13, 14). Third, some aspects of memory are processed during slow wave sleep and paradoxical sleep (15-18). However, direct evidences supporting the involvement of sleep/wake circadian rhythm in AAMI are still lacking.

To address this issue we used aged rodents in which spontaneous individual differences in episodic-like (spatial) memory (19-21) and sleep/wake circadian rhythm amplitude (22) are observed. More precisely we analyzed if alterations of the sleep/wake circadian rhythm, as measured by locomotor activity and EEG recordings (13), predict disturbances in spatial memory measured in the water maze (23). We also investigated the possible biological basis of these alterations by studying the cholinergic neuronal population of the pedunculopontine nucleus (PPT). This cholinergic neuronal group was studied because: i) it is involved in the regulation of sleep/wake states, locomotor activity and cognitive functions (24, 25) and ii) it is altered during aging (26-28). Finally, we studied if alterations of the TGFβ-Smads pathway in the PPT could explain the morphological and behavioral alterations. This pathway was studied because: i) PPT cholinergic neurons do not respond to the classical cholinergic trophic factor, nerve growth factor (NGF) but express specifically the TGFβ receptor type II (29, 30), and ii) this pathway is involved in the regulation of neurodegenerative processes (31, 32).

We found that a flatten circadian rhythm of locomotor activity, which reflects a substantial fragmentation of slow wave sleep, was highly predictive of the impairment of long-term memory in old rats. We evidence that these behavioral alterations are associated with morphological alterations of the cholinergic neurons in the posterior PPT and with a deregulation of its TGFβ-Smads signaling pathway.

Methods

Animals and procedure. Twenty months old (n=55) and six months old (n=10) Sprague–Dawley male rats (Charles River) were housed individually under a constant light–dark cycle (light on, 8:00-20:00 h) with an ad libitum access to food and water and were left undisturbed until the behavioral testing. Temperature (22°C) and humidity (60%) were kept constant. Thirteen animals with a bad general health status were excluded. In a first experiment, 18 aged rats were evaluated for their circadian rhythm of locomotor activity (CRLMA) and spatial memory. In a second experiment, 14 aged rats were evaluated for their CRLMA and sleep/wakefulness parameters. We used the first group for optical microscopy and the second group for electron microscopy of the PPT. In order to control for the age-specificity of observed effects in ultrastructural analysis, 4 young rats were processed in parallel. In a third experiment, we evaluated 10 aged rats and 6 young rats for their CRLMA and spatial memory, their PPT was punched out for analysis of the TGFβ-Smad pathway. All experiments were carried out in accordance with the guidelines approved by European Communities Council Directive of 24 November 1986 (86/609/EEC).

Spatial Memory Testing. Rats were tested in a water maze (180 cm diameter, 60 cm high) filled with opacified water (21°C). An escape platform was hidden 2 cm below the surface in one of the four quadrants. The procedure consisted of 3 phases. 1) Habituation (1 day): rats were given 2 trials (ITI 4 hours) without any platform and were allowed to swim during 90s. 2) Place discrimination with distal cues (16 days): rats were given 4 consecutive trials a day (T1-4) from each of the 3 randomly determined start locations that differed each day. If a rat did not find the platform it was set on it at the end of the trial. 3) Place discrimination with distal and proximal cues (1 day): the procedure was the same than for distal cues, except that the platform was raised with a proximal cue placed above it.

Data analysis: To avoid confounding effects of swim speed on performances we computed the distance (cm) to reach the platform as an index of memory performance (33) using a computerized tracking system (Videotrack; Viewpoint). We defined a Global Spatial Memory Index (mean distance for the last 3 days), a Long Term Memory Index (mean distance of T1 for the last 9 days) and a Short Term Memory Index (mean distance of trial T3-4 for the last 9 days) (23).

Sleep/Wake Circadian Rhythm Evaluation. Locomotor activity was continuously monitored during a week by a computer (Imétronic) in circular shaped cages (diameter=60cm) equipped with infrared beams. Sleep: EEG/EMG recordings and signal processing were achieved according to methods previously described (34) except that after amplification, signals were digitized (500Hz) with a Biopac recording system (Biopac Systems). Following three days of habituation to the EEG/EMG setup, a 24hr EEG/EMG recording, beginning at 8:00, was carried out. The three classical behavioral states (wakefulness, slow wave sleep and paradoxical sleep) were distinguished and scored visually with the Acknowledge Software (Biopac Systems) using standard criteria in successive 30s epochs (35).

Data analysis: Two classical methods were used to evaluate circadian amplitude of locomotor activity, i) a circadian amplitude index (CAI) calculated as follow CAI = (nocturnal activity)/(diurnal activity) and ii) a cosinor analysis adapted from Chou et al. (35). Because these two indexes led to similar results, we only presented here the CAI. The relative proportion of nocturnal and diurnal locomotor activity was also computed for each rat. For sleep parameters, we computed the number and the duration (min) of each W, SWS, and PS episode over a 24hr period.

Morphological analysis of PPT cholinergic neurons. Light microscopy analysis: Rats were perfused transcardially with 4% paraformaldehyde in 0.1 M phosphate buffer (pH=7.3). Brains were removed, post-fixed at 4°C and the brainstem was blocked at the appropriate level for sectioning through the PPT. Following cryoprotection, serial 50 μm sections were cut on a cryostat. Free-floating sections were processed according to standard immunohistochemical procedures (36). A first set of one in ten sections was treated for choline acetyl transferase (ChAT) immunoreactivity using a goat anti-ChAT polyclonal antibody (1:500) (Chemicon). Another set was treated for caspase 3 immunoreactivity using a rabbit anti-caspase 3 polyclonal antibody (1:10000) (BD Biosciences) and counter-stained with thionin. Sections were processed in parallel and immunoreactivities were visualized by the biotin–streptavidin technique (ABC kit; DAKO) by using 3,3'-diaminobenzidine as chromogen. The number of ChAT-immunoreactive (ChAT+) or caspase 3-immunoreactive (caspase 3+) cells in the left and right PPT was estimated by using a modified version of the optical fractionator's method on a systematic random sampling of every tenth section along the rostrocaudal axis of the PPT using a X100 magnification. Since anterior and posterior part of the PPT are anatomically and functionally different (37, 38), and in order to control for specific effects in the posterior PPT (PPTp), the nucleus was divided along the anterior–posterior axis (PPTa and PPTp) and analyzed separately (39).

Electron microscopy analysis: procedure was the same as previously described but fixative was made of 4% paraformaldehyde / 0.1% glutaraldehyde in 0.1 M phosphate buffer. After the ChAT immunostaining, sections were osmificated in 0.1 M phosphate buffered 1% OsO4 solution for 30 minutes and processed for flat embedding in Durcupan ACM. Ultrathin sections were cut on a Reichert Ultracut S microtome and viewed in a CEM 902 transmission electron microscope (Zeiss). Since the cell organelles differ in shape and size, simple counts lead to imprecise measures. For that reason, their volume fractions were measured according to standard stereological procedures. The actual volume of the irregularly shaped organelles of ChAT+ neurons was determined in relation to a selected reference (container) space such as cytoplasmic volume. These volume-to-volume ratios were determined with a simple point counting procedure (40).

Data analysis: Total number and cross sectional area (μm^2) of each ChAT+ neuron were computed for the PPTa and PPTp. For Gaussian comparison between groups, frequency distribution histogram was computed for each animal. Total number of caspase3-IR neuron were computed for the PPTa and PPTp.

Western Blot Analysis. Brains were taken and frozen (isopentane at -38°C) in less than 45s. The PPTp was punched out with Pasteur pipettes using a cryostat (Kryomat 1700; Leitz). Briefly, using coordinates from the atlas of Paxinos and Watson (41) the PPTp was punched out bilaterally around the horizontal extremity of the decussation of the superior cerebellar peduncle across the antero-posterior axis (Interaural: +1.5 to +0.7mm) in 4 successive sections (200 μm).

Western Blot: Nuclear and cytoplasmic proteins were prepared using a procedure previously described and validated (42). 30 μg of cytoplasmic and 15 μg of nuclear proteins were suspended in Laemmli buffer, separated by SDS-PAGE (10% gels) and transferred onto PVDF membranes (Amersham Biosciences) overnight at 4°C at 50V. After blocking with 5% fat-free milk powder in PBS containing Tween 20 0.1%, with 100 μl/L of protease inhibitor cocktail (30 min at room temperature), the membranes were incubated overnight at 4°C with rabbit anti-Phospho-Smad2/3 (CST) or goat anti-Smad7 (Santa Cruz). After washing, membranes were incubated 1 hour at room temperature with HRP-secondary antibodies (Santa Cruz). Bound antibodies were revealed using ECL+ Plus (Amersham Biosciences). The signal was detected by autoradiography with Biomax-MR films (Kodak). The X-Ray films were quantified by densitometry using a GS-800 scanner (in transmission mode) associated with Quantity One software (Bio-Rad). Data were presented as a percentage of adjusted band volume values of the Young group.

Statistical Analysis. Results were analyzed with Statistica software (Statsoft). In all cases, a normality test and an equal variance test were carried out before using a Student T-test or an ANOVA. Post-hoc Newman-Keul's tests and Pearson correlation test were used when necessary. Data are shown as mean ± sem.

Results

Deficits in the circadian rhythm of locomotor activity predict long-term memory deficits in aged rats. In a first experiment, we examined the relationships between memory impairments in the water maze and alterations of the circadian rhythm of locomotor activity. Scatter plot of the circadian amplitude index (CAI) showed high individual differences allowing us to divide animals in two groups below (Low Amplitude, LA) and above (High Amplitude, HA) the median of the entire population (Fig. 1a). The two groups profoundly differed for their CAI (t_{16}=5.83 p<0.001). Circadian amplitude index of HA (3.63 ± 0.24) was similar to the one observed in young 3 month old rats (95% confidence interval of CAI measured in two independent experiments was 3.8 to 4.6, data not shown). Thus, the lower CAI of LA (1.97 ± 0.16) reflects a subpopulation of aged subjects with an impaired circadian rhythm of locomotor activity. This decrease in CAI in LA resulted from a disorganized sleep/wake circadian rhythm with a decrease of locomotor activity during the nocturnal period and an increase of locomotor activity during the diurnal period (Group x Period Interaction F(1,16)=31.8 p<0.001; NK p<0.001) (Fig. 1b,c).

In the water maze task, animals from the LA group exhibited severe memory impairments compared to those of the HA group. A negative correlation was found between the global spatial memory index and the circadian amplitude index (n=18, r=-0.72 p<0.05) (Figure 2). Detailed analysis of the water maze learning demonstrates that the deficit observed in LA animals mainly concerned the first trial of each day (Trial x Group Interaction F(3,48)=4.8 p<0.01). LA animals exhibited a longer distance to reach the platform only during the first trial of each day starting from day 7 to day 16 (t_{16}=-2.53 p<0.05) (Figure 3a, b) compared to HA animals. Again a negative correlation was found between the long term memory index and the circadian amplitude index (n=18, r=-0.60 p<0.01). However, the two groups were identical for short term memory index (t_{16}=-1.69 p>0.11). These results demonstrate that LA subjects were more impaired in spatial long-term memory (i.e. 24hr retention) than in short-term memory (i.e. 30s retention). This memory deficit observed in the LA group was specific of a contextual memory and not due to sensory-motor, motivational or rule-based deficits as demonstrated by the identical performances of the two groups in the proximal cue paradigm (Trial x Group Interaction F(3,48)=1.73 p>0.17).

Deficits in the circadian rhythm of locomotor activity reflect a fragmentation of slow wave sleep in LA subjects. In order to clarify the nature of the alterations of the circadian rhythm of locomotor activity we studied sleep/wake parameters by EEG/EMG recordings. We found that LA subjects had an increase in the number of wake (t_{12}=-4.32 $p<0.001$) and slow wave sleep episodes (t_{12}=-3.91 $p<0.01$) (Fig. 4a) associated with a decrease in the duration of slow wave sleep episodes (t_{12}=3.65 $p<0.001$) (Fig. 4b) compared to HA subjects. However HA and LA did not differ in the number or duration of paradoxical sleep episodes (t_{12}=0.65 $p>0.52$ and t_{12}=0.55 $p>0.59$ respectively). Thus, disruption of the circadian rhythm of locomotor activity in aged subjects reflects mainly a fragmentation of slow wave sleep.

Deficits in the sleep/wake circadian rhythm are associated with morphological alterations of cholinergic neurons of the pedunculopontine nucleus (PPT). We performed a morphological analysis of cholinergic neurons in the PPT, by light and electron microscopy. For this purpose brainstem from the first experiment were processed for cholinergic immunochemistry (anti-ChAT antibodies) to label PPT cholinergic neurons. Cholinergic neurons were independently counted in the anterior (PPTa) and posterior (PPTp) part of the PPT. These two regions of the PPT are easily identifiable because: i) the total number of cholinergic neurons per section is 2 fold lower in the PPTa (40 ± 2) than in the PPTp (81 ± 6) (t_{34}=-6.14 $p<0.001$) and ii) the mean cross sectional area of cholinergic neurons (in μm^2) are higher in the PPTa (140 ± 7) than in the PPTp (118 ± 4) (t_{34}=2.85 $p<0.01$).

LA and HA did not differ for the total number or for the mean cross sectional area of cholinergic neurons in the PPTa (t_{16}=-1.31 $p>0.20$ and t_{16}=1.04 $p>0.31$ respectively). In contrast, in the PPTp, although the two groups did not differ for the total number of cholinergic neurons (Fig.5a), the mean cross sectional area of PPTp cholinergic neurons was dramatically reduced in LA subjects (LA=109μm^2 $\pm$ 6, HA=128μm^2 $\pm$ 2, t_{16}=3.06 $p<0.01$). The frequency distribution of cholinergic neurons as a function of their cross sectional area showed that in LA subjects there was an increase in the percentage of small cholinergic neurons ($<100\mu m^2$) (t_{16}=-3.39 $p<0.01$) and a decrease in the percentage of large cholinergic neurons ($>150\mu m^2$) (t_{16}=-2.87 $p<0.05$) in the PPTp (Figure 5b). More precisely LA had 2.5 fold more of smallest cholinergic neurons (cross sectional area < 50 μm^2) and around two fold less of largest cholinergic neurons (cross sectional area >150 μm^2) (Figure 5c). Furthermore the percentage of small cholinergic neurons correlates negatively with the circadian amplitude index (r=-0.53 $p<0.05$) whereas the percentage of large cholinergic neurons correlates positively with the circadian amplitude index (r=0.48 $p<0.05$).

For LA subjects the higher number of small cholinergic neurons associated with a decrease in large cholinergic neurons in the PPTp suggest the possible existence of degenerative processes in this brain area in LA animals. In order to test this hypothesis we first evaluated the degree of apoptosis by measuring the level of the activated apoptotic enzyme caspase 3 in the PPT. Only few neurons were immuno-reactive for caspase 3 in the PPTa and PPTp and no difference were found between LA and HA animals (PPTa: t_{16}=-0.18 p>0.85; PPTp: t_{16}=0.44 p>0.66) (Fig. 5d). These data suggest, together with the fact that HA and LA had the same number of cholinergic neurons, that the morphological alterations observed in LA are not linked to an increased cell death. Consequently, by electron microscopy we analyzed the ultrastructural morphology of small and large cholinergic neurons in the PPT. ChAT immunopositive neurons were identified by DAB reaction product dispersed in cytoplasm that appeared as reaction product patches associated with cell organelles and membranes. In old animals, the cytoplasm of ChAT+ neurons was largely occupied by lipofuscin granules, a marker of cellular degeneration (Age Effect $F(1,12)$=165.6 p<0.001) (Fig. 6a, b, c). The comparisons between old and young animals showed that in young animals the volume fraction of lipofuscin granules did not depend on the cell size whereas in old animals the age-related increase of lipofuscin granules was more prominent in small cholinergic neurons (Age x Size Interaction $F(1,12)$=72.6 p<0.001) (Fig. 6a). In conclusion, these data suggest that the behavioral deficits observed in LA are associated with the cellular atrophy of cholinergic neurons in the PPTp.

Deficits in the sleep/wake circadian rhythm are associated with a deregulation of Smad proteins activation in the pedunculopontine nucleus. We examined if deficits of the circadian rhythm of locomotor activity could be associated with a deregulation of the TGFβ-Smad pathway in the PPT. Behavioral analysis in this experiment showed similar results as previously described, i.e. the circadian amplitude index of HA rats was identical to young rats (3.0 ± 0.2 vs. 2.9 ± 0.3) whereas circadian amplitude index of LA rats was impaired (2.0 ± 0.2) (Group effect: $F(2,13)$=4.40 p<0.05) (Fig. 8a) and a strong correlation between circadian amplitude index and global spatial memory index in the water maze was again observed (n=10, r=-0.81 p<0.01). Western blot analysis revealed that, in the nuclear fraction of the PPT, there was a dramatic increase in the level of phosphorylated Smad 2 (Smad 2-P: $255 \pm 59\%$) and phosphorylated Smad 3 (Smad 3-P: $172 \pm 24\%$) in LA group compared to young (Smad 2-P: $100 \pm 18\%$ and $100 \pm 14\%$) and HA groups (Smad 2-P: $133 \pm 16\%$ and Smad 3-P: $112 \pm 8\%$) (ANOVA Smad 2-P: Group Effect: $F(2,13)$=5.30 p<0.05 and Smad 3-P: Group Effect: $F(2,13)$=5.29 p<0.05). In contrast cytoplasmic level of Smad 2-P and Smad 3-P were similar in young, HA and LA groups (ANOVA Smad 2-P: Group Effect: $F(2,13)$=0.05 p>0.95 and Smad 3-P: Group Effect: $F(2,13)$=0.24 p>0.79) (Fig. 8b,c). The cytoplasmic level of the inhibitory Smad 7 did not differed between groups (ANOVA: Group Effect: $F(2,13)$=0.22

p>0.80) (Fig. 8d). Cytoplasmic regulation of TGFβ-Smad pathway seems to be preserved in LA rats whereas the regulation of nuclear shuttling of phosphorylated Smad 2/3 was impaired in LA rats.

Discussion

These experiments demonstrate that disruption of the sleep/wake circadian rhythm predicts age-associated impairments of episodic-like memory in rodents. Thus, individuals exhibiting low amplitude of the circadian rhythm of locomotor activity had severe memory impairments in the spatial version of the water maze, whereas individuals with high amplitude of the circadian rhythm of locomotor activity performed correctly. A flattened circadian rhythm of locomotor activity was selectively associated with a substantial fragmentation of slow wave sleep. This fragmentation of slow wave sleep (ie. high number and low duration of episodes) resulted from intrusion of wakefulness episodes during slow wave sleep. However, neither the number nor the duration of paradoxical sleep episodes differed between the two groups. Finally, the behavioral profile of LA animals was associated with changes in the morphology of cholinergic neurons and in alterations of the TGFβ-Smads pathway in the posterior part of the PPT, suggestive of degenerative processes in this structure. These data provide the first solid evidence indicating that age associated mild deficits in episodic-like memory could be secondary to a flattened circadian rhythm with fragmentation of slow wave sleep resulting from pathophysiological processes at the PPT level.

The high variability between old subjects in the amplitude of circadian rhythm of locomotor activity is in accordance with previous observations (22). This parameter is based on actimetry, which is considered as the best method to diagnose circadian rhythm sleep disorders in humans (13). Interestingly, in our study LA subjects exhibit a disorganized sleep/wake pattern similar to that observed in humans (13). The flatten circadian rhythm of locomotor activity in LA subjects is associated with a fragmentation of slow wave sleep close to the sleep deficits observed in aged humans (43). Intrusion of wakefulness episodes during slow wave sleep in LA subjects can lead to the increase of locomotor activity observed during the diurnal period.

The spatial memory deficit of LA subjects is mainly a long-term (24hr) memory deficit, as reflected by the impairment restricted to the first trial of each day. This impairment is specific of contextual memory since performances with proximal cue paradigm are identical in both groups. This temporally graded memory deficit, already observed in old rodents (23) is a landmark of age-associated memory impairments in humans (1). Indeed in humans, substantial losses are observed in contextual long-term memory whereas short-term/recognition memory is preserved (44).

We demonstrate that the intensity of this disorganized sleep/wake circadian rhythm predicts age-associated impairments of episodic-like memory in rodents. This relationship is consistent with numerous data showing alteration of long-term memory in young-adults subjects consecutive to experimental disruptions of sleep/wake circadian rhythm (abolition, fragmentation, or phase-shift) (15-18). This sleep fragmentation may affect memory consolidation by disrupting the offline replay of neuronal activity during sleep (15-18) leading to the long-term memory impairment observed in LA subjects.

LA subjects exhibited a dramatic reduction in the size of PPTp cholinergic neurons. Compared to HA, LA subjects exhibit a shift in the distribution of cholinergic cell size (i.e. a two fold decrease in the proportion of large neurons paralleled by a two fold increase of small neurons). This pattern suggests that small cholinergic neurons represent shrunken cells that are under degeneration/atrophy. This is in accordance with the greater accumulation of age-related pigment lipofuscin (45) in small cholinergic neurons. Indeed, in aged rat there is a dramatic increase in the volume fraction of the lipofuscin in small cholinergic neurons compared to large ones. Since the volume fraction of lipofuscin granules in young animals is independent from the cell size, it can be hypothesized that the increase observed in small cholinergic neurons in aged rat reflects a cellular atrophy.

This atrophy was not associated with an increased cell death, because HA and LA subjects do not differ in the total number of cholinergic neurons nor in the number of neurons immunoreactive for the activated apoptotic enzyme caspase 3. Those morphological alterations of PPTp cholinergic neurons differed from those observed in cholinergic basal forebrain neurons (CBF) where cell size alterations are always associated with an increased cell death in aged cognitively impaired animals (46-50). In LA subjects, the neuronal atrophy was observed in the PPTp but not in the PPTa, this specific alteration of PPTp could be responsible for the behavioral impairments seen in LA subjects. Indeed, PPTp is mainly involved in the regulation of sleep/wake states and locomotor activity through the control of the thalamocortical system and the reticular formation (24, 37, 51, 52) whereas PPTa is mainly involved in the regulation of motivational/hedonic processes via the regulation of the ventral tegmental area and the substantia nigra (53-55).

This atrophy of cholinergic neurons of the PPT in LA subjects could results from alterations of trophic pathways. Unlike CBF neurons that express nerve growth factor (NGF) receptors (TrkA and p75NTR) (56), cholinergic neurons of the PPT express TGFβ receptors type II (30). TGFβ factors initiate signaling by assembling receptor complexes that activate Smad transcription factors (57). We demonstrate for the first time that TGFβ-Smad pathway is constitutively active in the PPT in young and aged rats. Moreover, LA subjects exhibit a two fold increase in the level of the nuclear Smad 2-P and Smad 3-P without any modification in the level of cytoplasmic Smad 2-P, Smad 3-P and Smad 7, suggesting that despite an apparent regulation of cytoplasmic Smads, LA subjects exhibit alterations in the regulation of nuclear Smad 2/3-P. Even if the molecular mechanisms that control Smad subcellular localization is not fully understood, it is likely that this deregulation involve the nucleocytoplasmic shuttling of Smad 2/3-P (58). This deregulation of the TGFβ-Smad 2/3 pathway in the PPT could explain morphological and behavioral alteration observed in LA subjects since Smad 2/3 activation regulates a large number of genes involved in neurodegeneration (32), increases lipofuscin like structures in rat hepatocytes (59) and inhibits sleep in rabbit (60).

In conclusion, these results 1) provide direct evidences of the involvement of perturbations of sleep/wake circadian rhythm in the mediation of age-associated memory impairments, 2) highlight the critical role of PPT cholinergic neurons in these disorders and 3) unveil a possible pathophysiological mechanism involving the TGFβ-Smads pathway. Since comorbid diseases are highly prevalent in the aged population (8), a better understanding of their etiology could lead to new therapeutic approaches for age associated memory impairments.

Figures

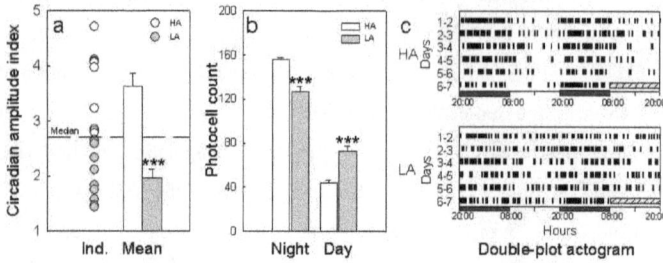

Fig. 1. Aged rats exhibited individual differences in circadian rhythm of locomotor activity. (a) Plot of individual and mean values of the circadian amplitude index. (b) Locomotor activity (photocell counts / hour) across the nocturnal/diurnal cycle between HA and LA. Note that low values of circadian amplitude index in LA are associated with a decrease in the amount of nocturnal activity and an increase in diurnal activity. (c) Double-plotted actogram from a representative HA (CAI=3.82) and LA (CAI=1.90) subject. Horizontal black bars represent the nocturnal period and the shaded bar beginning at 08h00 the seventh day represents the end of locomotor recording. LA subject displays a disorganized sleep/wake circadian rhythm. *** $p < 0.001$ vs. HA.

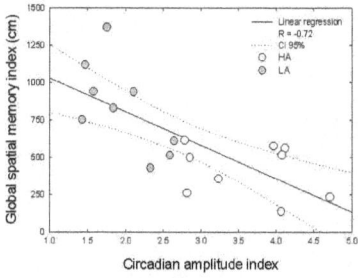

Fig. 2. The global spatial memory index negatively correlates with the circadian amplitude index in aged rats. Rats with a low CAI exhibit profound memory deficits. Pearson product moment correlation p<0.05.

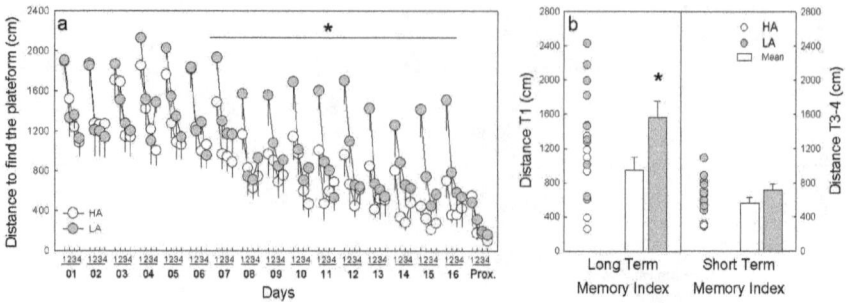

Fig. 3. Spatial long-term memory is altered in LA subjects. (a) Analysis of water maze performances across trials and days. During the first 16 days a place discrimination with distal cues was performed and a proximal cue paradigm was applied the 17th day (Prox.). Note that: i) from the 7th day to the end, HA decreased their distance for the first trial of each day whereas LA did not, ii) performances were similar in both groups for trials 3 and 4 of each day and for the proximal cue paradigm. (b) Plot of individual and mean values of long-term memory index (Left) and short-term memory index (Right) computed from day 7 to 16. *p<0.05 vs. LA.

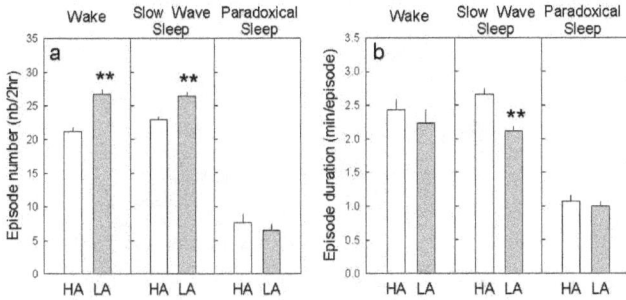

Fig. 4. A low circadian amplitude index reflects a fragmentation of slow wave sleep in LA subjects. (a) Mean number of each sleep/wake state episodes (nb/2hr). LA exhibited a higher number of wake and slow wave sleep episodes than HA. (b) Mean duration of each vigilance state episode (min/episode). LA exhibited a lower duration of slow wave sleep episode than HA. **p<0.01 vs. HA.

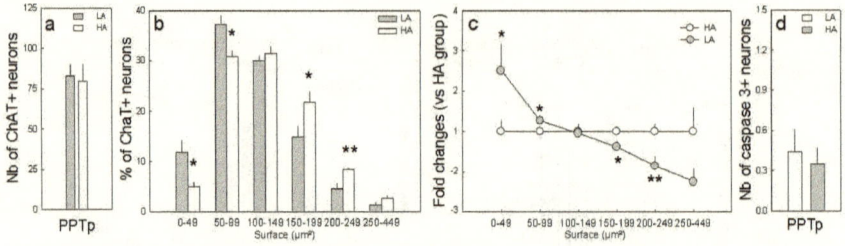

Fig. 5. Sleep/wake circadian rhythm amplitude deficits are associated with a shift of large to small Chat+ neurons without differences in neuronal death. (a) Total number of ChAT+ neurons per section in the PPTp. (b) Frequency distribution histogram of mean cross sectional area of ChAT+ neurons in the PPTp. Note that LA distribution was shifted to the left toward small surfaces. (c) Fold changes of ChAT+ neurons for each surface class (LA vs. HA group). (d) Total number of caspase 3+ neurons per section in the PPTp. *p<0.05 and **p<0.01 vs. HA.

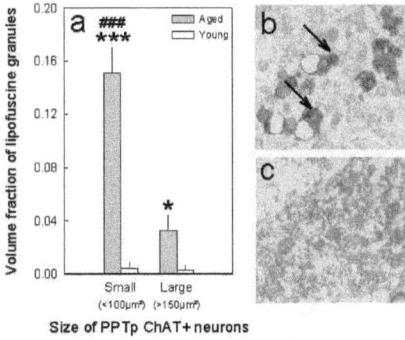

Fig. 6. Volume fraction of lipofuscin granules is higher in small than in large ChAT+ neurons in aged rats. (a) Volume fraction of lipofuscin granules is represented as a function of ChAT+ neurons size in the PPTp in aged and young rats. Aged rats exhibited higher volume fraction of lipofuscin granules than young rats, and this proportion is higher in small ChAT+ neurons. *p<0.05, ***p<0.001 vs. Young and ###p<0.001 vs. Aged (Large). (b) Representative image of a small ChAT+ neuron with excessive amount of lipofuscin granules (arrows) and of a large ChAT+ neuron without lipofuscin granules (c).

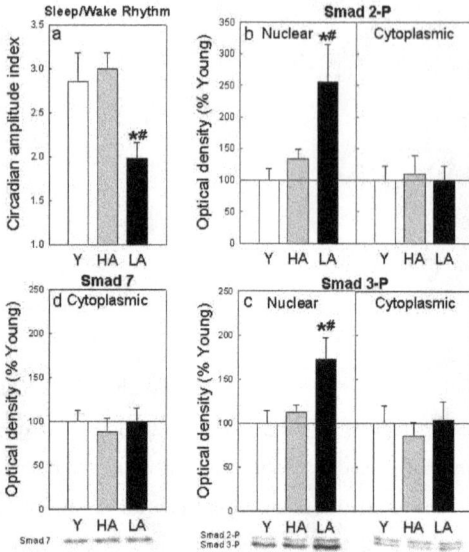

Fig. 7. Sleep/wake circadian rhythm amplitude deficits are associated with a deregulation of TGFβ-Smads pathway. (a) Circadian amplitude index in Young (Y) and aged HA, LA groups. LA had a decrease in the circadian amplitude index compared to young or aged HA. (b) Optical density (% Young group) of nuclear and cytoplasmic Smad 2-P and (c) Smad 3-P. Inset represents western blot of a Y, a HA and a LA subject, (upper band: Smad 2-P; lower band: Smad 3-P). (d) Optical density (% Young group) of cytoplasmic Smad 7. Inset represents a Y, a HA and a LA subject). * p<0.05 vs. Y and #p<0.05 vs. HA.

Acknowledgments: The authors thank M.Vallée, DN Abrous, J.M. Revest, P. Kitchener and F. Di Blasi for helpful commentaries and M. Kharouby for technical assistance. Supported by INSERM, Université de Bordeaux II, and European Community (QLK6-CT-2000-00179).

Competing interests statement: The authors declare that they have no competing financial interests.

References

1. Grady, C. L. & Craik, F. I. (2000) *Curr. Opin. Neurobiol.* 10, 224-231.

2. Nyberg, L., Persson, J. & Nilsson, L. G. (2002) *Neurosci. Biobehav. Rev.* 26, 835-839.

3. Bachman, D. L., Wolf, P. A., Linn, R. T., Knoefel, J. E., Cobb, J. L., Belanger, A. J., White, L. R. & D'Agostino, R. B. (1993) *Neurology* 43, 515-519.

4. DeCarli, C. (2003) *Lancet Neurol.* 2, 15-21.

5. Jonker, C., Geerlings, M. I. & Schmand, B. (2000) *Int. J. Geriatr. Psychiatry* 15, 983-991.

6. Petersen, R. C. (2003) *Nat. Rev. Drug Discov.* 2, 646-653.

7. Ritchie, K. & Touchon, J. (2000) *Lancet* 355, 225-228.

8. Kaplan, G. A., Haan, M. N. & Wallace, R. B. (1999) *Annu. Rev. Public Health* 20:89-108., 89-108.

9. Greenwood, P. M., Parasuraman, R. & Haxby, J. V. (1993) *Neuropsychologia* 31, 471-485.

10. Lyketsos, C. G., Lopez, O., Jones, B., Fitzpatrick, A. L., Breitner, J. & DeKosky, S. (2002) *JAMA* 288, 1475-1483.

11. Myers, B. L. & Badia, P. (1995) *Neurosci. Biobehav. Rev.* 19, 553-571.

12. Van Someren, E. J. (2000) *Chronobiol. Int.* 17, 233-243.

13. Dagan, Y. (2002) *Sleep Med. Rev.* 6, 45-54.

14. Mignot, E., Taheri, S. & Nishino, S. (2002) *Nat. Neurosci.* 5 Suppl:1071-5., 1071-1075.

15. Kudrimoti, H. S., Barnes, C. A. & McNaughton, B. L. (1999) *J. Neurosci.* 19, 4090-4101.

16. Louie, K. & Wilson, M. A. (2001) *Neuron* 29, 145-156.

17. Lee, A. K. & Wilson, M. A. (2002) *Neuron* 36, 1183-1194.

18. Fenn, K. M., Nusbaum, H. C. & Margoliash, D. (2003) *Nature* 425, 614-616.

19. Markowska, A. L., Stone, W. S., Ingram, D. K., Reynolds, J., Gold, P. E., Conti, L. H., Pontecorvo, M. J., Wenk, G. L. & Olton, D. S. (1989) *Neurobiol. Aging* 10, 31-43.

20. Drapeau, E., Mayo, W., Aurousseau, C., Le Moal, M., Piazza, P. V. & Abrous, D. N. (2003) *Proc. Natl. Acad. Sci. U. S. A* 100, 14385-14390.

21. Ingram, D. K., London, E. D. & Goodrick, C. L. (1981) *Neurobiol. Aging* 2, 41-47.

22. Antoniadis, E. A., Ko, C. H., Ralph, M. R. & McDonald, R. J. (2000) *Behav. Brain Res.* 114, 221-233.

23. Aitken, D. H. & Meaney, M. J. (1989) *Neurobiol. Aging* 10, 273-276.

24. Hobson, J. A. & Pace-Schott, E. F. (2002) *Nat. Rev. Neurosci.* 3, 679-693.

25. Dellu, F., Mayo, W., Cherkaoui, J., Le Moal, M. & Simon, H. (1991) *Brain Res.* 544, 126-132.

26. Ransmayr, G., Faucheux, B., Nowakowski, C., Kubis, N., Federspiel, S., Kaufmann, W., Henin, D., Hauw, J. J., Agid, Y. & Hirsch, E. C. (2000) *Neurosci. Lett.* 288, 195-198.

27. Lolova, I. S., Lolov, S. R. & Itzev, D. E. (1997) *Mech. Ageing Dev.* 97, 193-205.

28. Lolova, I. S., Lolov, S. R. & Itzev, D. E. (1996) *Mech. Ageing Dev.* 90, 111-128.

29. Knusel, B. & Hefti, F. (1988) *J. Neurosci. Res.* 21, 365-375.

30. Morita, N., Takumi, T. & Kiyama, H. (1996) *Brain Res. Mol. Brain Res.* 42, 263-271.

31. Brionne, T. C., Tesseur, I., Masliah, E. & Wyss-Coray, T. (2003) *Neuron* 40, 1133-1145.

32. Lesne, S., Blanchet, S., Docagne, F., Liot, G., Plawinski, L., MacKenzie, E. T., Auffray, C., Buisson, A., Pietu, G. & Vivien, D. (2002) *J. Cereb. Blood Flow Metab.* 22, 1114-1123.

33. Lindner, M. D. (1997) *Neurobiol. Learn. Mem.* 68, 203-220.

34. Bouyer, J. J., Deminiere, J. M., Mayo, W. & Le Moal, M. (1997) *Neurosci. Lett.* 225, 193-196.

35. Chou, T. C., Scammell, T. E., Gooley, J. J., Gaus, S. E., Saper, C. B. & Lu, J. (2003) *J. Neurosci.* 23, 10691-10702.

36. Dobrossy, M. D., Drapeau, E., Aurousseau, C., Le Moal, M., Piazza, P. V. & Abrous, D. N. (2003) *Mol. Psychiatry* 8, 974-982.

37. Rye, D. B. (1997) *Sleep* 20, 757-788.

38. Takakusaki, K., Shiroyama, T. & Kitai, S. T. (1997) *Neuroscience* 79, 1089-1109.

39. Inglis, W. L., Olmstead, M. C. & Robbins, T. W. (2001) *Behav. Brain Res.* 123, 117-131.

40. Mayhew, T. M. (1992) *J. Neurocytol.* 21, 313-328.

41. Paxinos, G. & Watson, C. (1982) *The rat brain in stereotaxic coordinates* (Academic Press, Sydney).

42. Kitchener, P., Di Blasi, F., Borrelli, E. & Piazza, P. V. (2004) *Eur. J. Neurosci.* 19, 1837-1846.

43. Huang, Y. L., Liu, R. Y., Wang, Q. S., van Someren, E. J., Xu, H. & Zhou, J. N. (2002) *Physiol. Behav.* 76, 597-603.

44. Anderson, N. D. & Craik, F. I. M. (2000) in *The Oxford Hanbook of Memory*, eds. Tulving, E. & Craik, F. I. M. (Oxford University Press, New York), pp. 411-425.

45. Brunk, U. T. & Terman, A. (2002) *Free Radic. Biol. Med* 33, 611-619.

46. Smith, D. E., Rapp, P. R., McKay, H. M., Roberts, J. A. & Tuszynski, M. H. (2004) *J. Neurosci.* 24, 4373-4381.

47. Stroessner-Johnson, H. M., Rapp, P. R. & Amaral, D. G. (1992) *J. Neurosci.* 12, 1936-1944.

48. Armstrong, D. M., Sheffield, R., Buzsaki, G., Chen, K. S., Hersh, L. B., Nearing, B. & Gage, F. H. (1993) *Neurobiol. Aging* 14, 457-470.

49. Fischer, W., Wictorin, K., Bjorklund, A., Williams, L. R., Varon, S. & Gage, F. H. (1987) *Nature* 329, 65-68.

50. Fischer, W., Chen, K. S., Gage, F. H. & Bjorklund, A. (1992) *Neurobiol. Aging* 13, 9-23.

51. Garcia-Rill, E. (1991) *Prog. Neurobiol.* 36, 363-389.

52. Steriade, M., Datta, S., Pare, D., Oakson, G. & Curro Dossi, R. C. (1990) *J. Neurosci.* 10, 2541-2559.

53. Floresco, S. B., West, A. R., Ash, B., Moore, H. & Grace, A. A. (2003) *Nat. Neurosci.* 6, 968-973.

54. Laviolette, S. R., Alexson, T. O. & van der, K. D. (2002) *J. Neurosci.* 22, 8653-8660.

55. Rye, D. B., Saper, C. B., Lee, H. J. & Wainer, B. H. (1987) *J. Comp. Neurol.* 259, 483-528.

56. Lad, S. P., Neet, K. E. & Mufson, E. J. (2003) *Curr. Drug Targets. CNS. Neurol. Disord.* 2, 315-334.

57. Massague, J., Hata, A. & Liu, F. (1997) *Trends in Cell Biol.* 7, 187-192.

58. Inman, G. J., Nicolas, F. J. & Hill, C. S. (2002) *Mol. Cell* 10, 283-294.

59. McMahon, J. B., Richards, W. L., del Campo, A. A., Song, M. K. & Thorgeirsson, S. S. (1986) *Cancer Res.* 46, 4665-4671.

60. Kubota, T., Fang, J., Kushikata, T. & Krueger, J. M. (2000) *Am. J. Physiol. Regul. Integr. Comp. Physiol.* 279, R786.

Publication n°2 :

Sleep-Wake States and Cortical Synchronization Control by Pregnenolone Sulfate Into the Pedunculopontine Nucleus.

Darbra S†, George O*, Bouyer JJ, Piazza PV*, Le Moal M*, Mayo W*.

* INSERM U588, Université de Bordeaux II, 1 rue Camille Saint Saëns, 33077 Bordeaux, France.

† 1Institut de Neurociències and Departament de Psicobiologia i Metodologia de les Ciències de la Salut, Universitat Autònoma de Barcelona, Barcelona, Spain

Journal of Neuroscience Research 76:742–747 (2004)

Sleep-Wake States and Cortical Synchronization Control by Pregnenolone Sulfate Into the Pedunculopontine Nucleus

Sonia Darbra,[1] Olivier George,[2] Jean-Jacques Bouyer,[2] Pier-Vincenzo Piazza,[2] Michel Le Moal,[2] and Willy Mayo[2]*

[1]Institut de Neurociències and Departament de Psicobiologia i Metodologia de les Ciències de la Salut, Universitat Autònoma de Barcelona, Barcelona, Spain
[2]Physiopathologie du Comportement, INSERM, U588 Institut François Magendie, Université de Bordeaux II, Bordeaux, France

Cholinergic neurons of the pedunculopontine tegmentum nucleus (PPT) are crucial for initiation and maintenance of electroencephalographic (EEG) desynchronization states like paradoxical sleep and wakefulness. These neurons are regulated by classical neurotransmitter systems from the pontomesencephalic reticular formation and basal ganglia. In addition to this regulation, PPT neuron activity could be modulated by endogenous neurosteroids and particularly by pregnenolone sulfate (PREG-S) because synthesis enzymes of this neurosteroid are present in this area and peripheral administrations of PREG-S affect sleep-wakefulness states. To test this hypothesis, we studied the effects of different doses of PREG-S infusion into the PPT on sleep-wakefulness states in rats. Our results show dose-dependent effects of PREG-S on sleep-wakefulness states. Low concentration of PREG-S (5 ng) increased the amount of paradoxical sleep without any modification of slow wave sleep and wakefulness. High level of PREG-S (10 and 20 ng) increased paradoxical sleep and slow wave sleep together with an increase of delta power and a decrease of theta power during wakefulness. Dependent on the doses used, PREG-S thus can promote paradoxical sleep alone or the global propensity to fall asleep, impairing the quality of wakefulness. These results unveil a new regulation pathway for PPT neurons and strengthen the role of PREG-S in sleep-wakefulness regulation. © 2004 Wiley-Liss, Inc.

Key words: neurosteroids; PPT; REM sleep; acetylcholine

The pedunculopontine tegmentum nucleus (PPT), located in the brainstem and part of the reticular formation, contains large cholinergic neurons (the Ch5 group in the classification of Mesulam et al. [1983]). As for cholinergic groups of the basal forebrain, cholinergic neurons form an integral part of the PPT (Rye et al., 1987; Jones, 1990) but are intermingled with a variety of other neurons such as GABAergic (Ford et al., 1995), and glutamatergic

neurons (Charara et al., 1996). Several studies have identified that electrical activity of PPT neurons is dependent on sleep-wake states (Steriade et al., 1990; Datta and Siwek, 2002). This activity increases cholinergic release in the pons, thalamus, and cortex, which is responsible for electroencephalographic desynchronization states like paradoxical sleep and wakefulness (Steriade et al., 1990; Datta and Siwek, 1997; Leonard and Lydic, 1997). The PPT is considered as particularly involved in the control of paradoxical sleep (Rye, 1997).

Cholinergic neurons of the PPT are regulated by serotonergic, noradrenergic, GABAergic, and glutamatergic inputs originating from the pontomesencephalic reticular formation and the PPT itself (Leonard and Llinas, 1994; Datta and Siwek, 1997; Hou et al., 2002; Torterolo et al., 2002). These cholinergic neurons are also regulated by autocrine/paracrine release of nitric oxide (NO) from cholinergic neurons themselves (Datta et al., 1997; Leonard and Lydic, 1997). In addition, PPT neuron activity could be regulated by neurosteroids, a new class of endogenous modulators (Baulieu, 1991) that are implicated in sleep-wakefulness regulation. Synthesis enzymes of neurosteroids and particularly of pregnenolone sulfate (PREG-S), i.e., P450scc and hydroxysteroid sulfotransferase, are expressed in the pontomesencephalic area together with a crucial regulator of their synthesis, the steroidogenic acute regulatory protein (StAR). The exact

Contract grant sponsor: INSERM; Contract grant sponsor: Université de Bordeaux II; Contract grant sponsor: Ministerio de Educacion y Cultura (Spain); Contract grant sponsor: European Community; Contract grant number: QLK6-CT-2000-00179.

S. Darbra and O. George contributed equally to this article.

*Correspondence to: W. Mayo, INSERM, U588 Université de Bordeaux II, rue Camille Saint-Saëns, 33077 Bordeaux Cedex, France.
E-mail: willy.mayo@bordeaux.inserm.fr

Received 2 September 2003; Revised 5 January 2004; Accepted 12 January 2004

Published online 20 April 2004 in Wiley InterScience (www.interscience.wiley.com). DOI: 10.1002/jnr.20074

PREG-S concentration, however, and localization of synthesis enzymes in the PPT remain unknown because of technical limitation (Rajkowski et al., 1997; King et al., 2002; Mellon and Griffin, 2002). We have shown previously that peripheral and central administrations of PREG-S affected sleep-wakefulness parameters, mainly through an increase of paradoxical sleep (Darnaudery et al., 1999a), and stimulated the release of acetylcholine in the cortex (Darnaudery et al., 1998), the hippocampus (Darnaudery et al., 2000), and the amygdala (Pallares et al., 1998).

We hypothesized that PREG-S modulation of sleep-wakefulness stages could result partly from a modulation of PPT neurons leading to a modification of vigilance states and cortical desynchronization. To test this hypothesis, we studied in rats the effects of different doses of PREG-S infused into the PPT on sleep-wakefulness states and cortical desynchronization .

MATERIALS AND METHODS

Animals and Housing Conditions

Twenty-nine Sprague-Dawley male rats (Iffa-Credo, France) weighing 260–280 g were used in this study. They were housed singly in a temperature- (22°C) and humidity- (60%) controlled animal room on a 12/12-hr light/dark schedule (lights-on at 8:00 a.m.) with ad lib access to food and water. All experiments were carried out in accordance with the guidelines approved by European Communities Council Directive of 24 November 1986 (86/609/EEC).

Surgery

Surgery was carried out under general anesthesia (pentobarbital, 60 mg/kg intraperitoneally [i.p.]). To record cortical electroencephalograph (EEG), four miniature screw electrodes were placed through the skull 1.5 mm either side of the central suture, 1.5, 3.0, 4.5, and 6.0 mm anterior to lambda. Electrode wires were soldered to miniature plugs fastened to the skull in a conventional setup. Stainless steel injection guide cannulae (30 gauge, 15 mm long) were placed bilaterally 2 mm above the PPT at the following coordinates relative to bregma: AP = −8.0 L = ±1.7 and H = −5.1 from the skull surface according to the atlas of Paxinos and Watson (1986). Plugs and cannulae were fixed to the skull with stainless steel screws and dental cement. The rats were allowed 15 days to recover after surgery.

EEG Recordings and Signal Processing

Freely moving rats were recorded in their own home cage in a soundproof, temperature (23 ± 1°C) and humidity (60 ± 2%) controlled recording room. For each rat, recordings were made from the two leads providing the largest theta rhythm amplitude. Such derivation-recorded signals depend on the vigilance level of the rat (Ambrosini et al., 1993). Theta rhythm (5–9 Hz) and slower electrical activities (0–4 Hz) were recorded in waking animals (W). Only slow waves (0–4 Hz) and sleep spindles (12–14 Hz) were observed during slow wave sleep (SWS). Theta rhythm alone was recorded during paradoxical sleep (PS). After reduction of the power line noise (low pass-band filter), the amplified signal was digitized online in 1-sec

epochs by using an IBM PC computer (sample frequency 128 Hz). The DC component of the signal was removed by zeroing the mean. A fast Fourier transform monitoring filtering of digitized epochs by application of a Hanning window cosine transform was carried out. Each second, a power spectrum matching the acquired epoch (analyzed band 0–19 Hz, definition 1 Hz) was computed. Thirty computed spectra were summed to produce an averaged power spectrum representing the previous 30 sec. For each rat and each vigilance level (W, SWS, PS), a minimum of 90 averaged power spectra corresponding to visually identified episodes were summed to obtain an averaged reference spectrum. An automated comparison between computed 30-sec spectrum and the three reference spectra discriminated the vigilance level without any electromyogram (EMG) recording (Bouyer et al., 1998). A 3% discrepancy was ascertained between automated evaluation and visual inspection (two readers) of 100 episodes at each level of vigilance. To avoid any variation caused by the positioning of cortical electrodes during spectral analysis, the power densities obtained for each state were summed over the frequency band of 0–19 Hz (total power). To standardize the data, all power spectral magnitudes at the different frequency ranges (i.e., delta, 0–4 Hz; theta, 5–9 Hz; sigma, 10–14 Hz) were expressed as a percentage relative to the total power (e.g., power in the x range/power in the 0–19 Hz range) of the same epochs (Parmentier et al., 2002).

Infusions into Pedunculopontine Tegmental Nucleus

After 3 days of habituation to the recording environment and device, rats were infused with either PREG-S or saline into the PPT during early phase of the light period and were recorded for 90 min. PREG-S (3β-hydroxy-pregna-5-en-20-one sulfate; Sigma, St. Louis, MO) was dissolved in saline solution (0.9% NaCl) and was infused at 5, 10, and 20 ng into the PPT through 23-gauge needles cut to extend 2 mm (17 mm long) beyond the ventral tip of the guide cannulae at a volume of 0.5 μl. The needles were connected with polyethylene tubing to a microsyringe-driven pump (Harvard 22). Solutions were infused at a constant rate of 0.5 μl/min. Controls received the same volume of saline solution. To avoid reflux, injection needles were removed from guide cannulae 2 min after the end of the infusions.

Histological Control

After the experiments, animals were anesthetized deeply with sodium pentobarbital and perfused intracardially with 10% formalin. Brains were removed and cannulae placements were verified histologically on 50-μm thionin-stained coronal sections. Only animals with correctly placed probes were included in this study.

Statistical Analysis

All results were analyzed statistically using a software package (Statistica; StatSoft Inc., Tulsa, OK). In all cases, a normality test and an equal variance test were carried out. To analyze PREG-S effects on sleep-wakefulness states, analysis of variance (ANOVA) was carried out with group (5 ng, 10 ng, 20 ng, and control groups) as between-subject factor. For each rat and each vigilance level (W, SWS, PS), six different variables were ana-

744   Darbra et al.

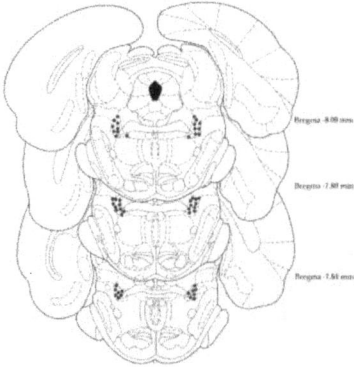

Fig. 1. Localization of infusions in rat brain according to the atlas of Paxinos and Watson (1986). Dots represent injection points.

lyzed: percentage of time, number and duration of episodes for each vigilance state, and power spectrum amplitude of delta, theta, and sigma band across all vigilance states. Post-hoc

Neumann-Keuls tests were used when necessary. Data are shown as mean ± SEM.

RESULTS

Sites of infusions are shown in Figure 1. Three animals (not represented) without an implantation strictly restricted to the PPT were excluded for statistical analysis (29-3; $n = 26$). The following groups were used: PREG-S 5 ng, $n = 5$; PREG-S 10 ng, $n = 5$; PREG-S 20 ng, $n = 7$; and control, $n = 9$.

PREG-S Increases Paradoxical Sleep and Slow Wave Sleep in a Dose-Dependent Manner

PREG-S infusions into the PPT induced a dose-dependent modification of sleep-wake states. Analysis of wakefulness showed that PREG-S decreased the percentage of W (ANOVA group effect: $F[3,22] = 4.483$, $P < 0.05$). As illustrated in Figure 2A, animals that received 10 ng PREG-S spent less time than did controls or the 5 ng PREG-S group in W (N-K, $P < 0.05$). There was no group effect, however, on the number or duration of W episodes (see Fig. 2B,C). PREG-S increased the percentage of SWS (ANOVA group effect: $F[3,22] = 3.235$, $P < 0.05$). Animals that received 10 ng PREG-S spent more time than did controls or the 5 ng PREG-S group in SWS (N-K, $P \geq 0.05$; see Fig. 2D). There was no group effect on the number of SWS episodes (Fig. 2E). Instead, the ANOVA on bout duration of SWS showed significant main effect of group ($F[3,22] = 5.176$, $P < 0.01$). The

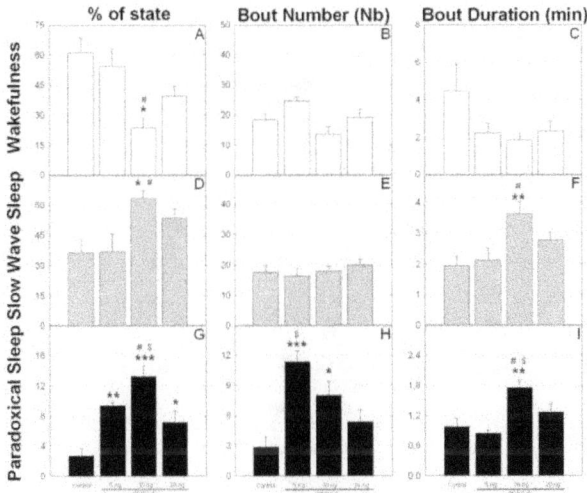

Fig. 2. Effects of PREG-S injections into the PPT on sleep-wake states. A, D, G: Percentage of time spent in W, SWS, and PS, respectively. B, E, H: Bout number of W, SWS, and PS, respectively. C, F, I: Bout duration of W, SWS, and PS, respectively. *$P < 0.05$; **$P < 0.01$; ****$P < 0.001$ vs. control group. #$P < 0.05$ vs. 5 ng PREG-S group; $$P < 0.05$ vs. 20 ng PREG-S group.

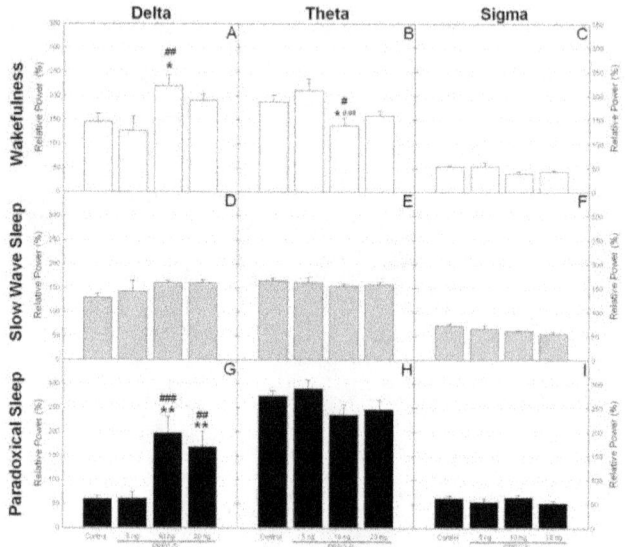

Fig. 3. Effects of PREG-S injections into the PPT on cortical synchronization. **A, D, G:** Power spectrum analysis of delta band during W, SWS, and PS, respectively. **B, E, H:** Power spectrum analysis of theta band during W, SWS, and PS, respectively. **C, F, I:** Power spectrum analysis of sigma band during W, SWS, and PS, respectively. Power spectrum level is expressed in relative power (% of total power). *$P <$ 0.05; **$P <$ 0.01 vs. control group. #$P <$ 0.05; ##$P <$ 0.01 vs. 5 ng PREG-S group.

duration of SWS episodes in rats that received 10 ng PREG-S was longer than that in controls or in those receiving 5 ng PREG-S (N-K, $P <$ 0.01 and $P <$ 0.05, respectively; Fig. 2F). Analysis of paradoxical sleep showed that PREG-S increased percentage of PS (ANOVA group effect: $F[3,22] = 11.852$, $P <$ 0.001). As illustrated in Figure 2G, this effect was observed with all three doses used, with a maximal effect with at the 10 ng dose (N-K $P <$ 0.05 vs. 5 ng or 20 ng PREG-S groups). Interestingly, one of three excluded animals received 10 ng PREG-S and did not exhibit any PS increases, suggesting specificity of the observed effect on the PPT. ANOVA of the number and duration of PS episodes also revealed significant main effect of group ($F[3,22] = 7.998$, $P <$ 0.001 and $F[3,22] = 5.401$, $P <$ 0.01, respectively). Animals infused with 10 ng PREG-S showed a higher number and longer duration of PS episodes than did controls (N-K, $P <$ 0.05 and $P <$ 0.01, respectively; Fig. 2H,I). Compared to controls, animals that received 5 ng PREG-S also exhibited an increase in the number of PS episodes (N-K, $P <$ 0.001; Fig. 2H).

PREG-S Modulates Cortical Synchronization in a Dose-Dependent Manner

Power spectrum analysis showed that PREG-S infusion induced a dose-dependent modification of delta and

theta bands according to the sleep-wake state (Fig. 3). Analysis of power spectrum during W showed that PREG-S increased relative delta power and decreased relative theta power (ANOVA group effect: $F[3,22] = 3.746$, $P <$ 0.05 and $F[3,22] = 3.827$, $P <$ 0.05, respectively). PREG-S induced a significant increase of delta power at a dose of 10 ng (N-K, $P <$ 0.05 vs. 5 ng PREG-S or control group; Fig. 3A) and a decrease of relative theta power (N-K, $P <$ 0.05 vs. 5 ng PREG-S group and $P <$ 0.08 vs. control group; Fig. 3B). Analysis of delta band during PS revealed a significant main effect of group ($F[3,22] = 9.039$, $P <$ 0.001). PREG-S induced a significant increase of delta power at the 10 and 20 ng dose (N-K, $P <$ 0.01 vs. 5 ng PREG-S or control group; Fig. 3G). ANOVA of all other parameters did not show significant group effects (Fig. 3C–F,H,I).

DISCUSSION

Our results demonstrate that infusion of PREG-S into the PPT induced dose-dependent alterations of vigilance states. Low doses (5 ng) of PREG-S increased paradoxical sleep without altering wakefulness and slow wave sleep. At this dose, no alteration of the relative power of the different frequency bands (delta, theta, and sigma) was observed. Increasing the doses of PREG-S (10 and 20 ng) decreased the amount of W and amplified SWS

Figure 1

746   Darbra et al.

and PS as well as the cortical synchronization toward delta band (0–4 Hz). Regarding the percentage of sleep-wake states, the highest effects were observed with the intermediate dose of PREG-S (10 ng). At this dose, PS was increased due to increased bout duration and number. Our results therefore show that PREG-S into the PPT could modify the sleep-wakefulness by two different actions: i) an increase of PS amount and ii) an increase of the cortical synchronization toward delta power. The latter observed during W is an index of the propensity to fall asleep (Franken et al., 2001) and of the quality of W, e.g., incomplete cortical activation and decreased vigilance (Parmentier et al., 2002). Moreover, this cortical synchronization is also observed during PS. A high dose of PREG-S therefore could also alter the quality of PS by introducing short slow wave events.

Delta oscillations reflect synchronized burst-pause firing patterns of hyperpolarized thalamocortical and corticothalamic neurons (Steriade, 1999). It is known that PPT is crucial for initiation and maintenance of EEG desynchronization states such as PS and W (Steckler et al., 1994; Rye, 1997) and neuronal activity in the PPT could trigger cortical desynchronization occurring during PS (Steriade et al., 1990) through a modulation of these thalamocortical loops and basal forebrain cholinergic neurons that project to the neocortex (for review see Sarter and Bruno, 2000). Knowing that these neurons are under the control of PPT cholinergic neurons, the delta power modulation, together with the marked modulation of paradoxical sleep observed after PREG-S infusion into the PPT, reinforce the role of this structure in control of paradoxical sleep and extend this role to the modulation of delta power (Hofle et al., 1997).

In this study, the increase in PS due to the infusion of PREG-S into the PPT extend previous studies showing that the systemic (47.5 mg/kg) and central (nucleus basalis magnocellular) administration of PREG-S (5 ng) induced an increase of PS, without significant modification of W and SWS (Darnaudery et al., 1999a,b). Accordingly, oral administration (500 mg) of dehydroepiandrosterone (DHEA), another neurosteroid, which like PREG-S acts as a γ-aminobutyric acid $(GABA)_A$ antagonist (Imamura and Prasad, 1998), increases PS in humans without altering either SWS or W (Friess et al., 1995). It is known that PREG-S in the micromolar range increases N-methyl-D-aspartate (NMDA) currents and decreases $GABA_A$ ones; however, higher concentrations are required to inhibit kainate/AMPA-induced currents (Wu and Chen, 1997; Rupprecht and Holsboer, 1999). $GABA_A$, NMDA, and kainate/AMPA receptors are present on cholinergic neurons of the PPT (Datta et al., 2002; Torterolo et al., 2002). These dose-related alterations of ligand-gated ion channels could thus differently modify activity of cholinergic neurons of the brainstem and explain the dose-related effects of PREG-S observed upon sleep-wakefulness states.

The dose-dependent effects observed in this study are in accordance with previous data showing that intracerebroventricular (i.c.v.) infusion of low PREG-S doses

(12 nmol i.c.v.) can increase acetylcholine (ACh) release in the projection area (hippocampus) and facilitate cognitive performance. Higher doses (192 nmol i.c.v.), however, increase ACh release but have a detrimental effect on memory performance (Darnaudery et al., 2000).

Modulation of the PPT by neurosteroids shown here could be important in age-related cognitive disorders. Indeed, morphologic alterations of the PPT have been described during aging in both rodents (Lolova et al., 1997) and humans (Ransmayr et al., 2000). Alteration of cognitive performance in aged rodents is linked to a decrease of PREG-S cerebral concentrations (Vallée et al., 1997) and to a fragmentation of PS (Markowska et al., 1989). In light of the role of PPT in memory (Dellu et al., 1991) and attentional processes (Inglis et al., 2001), a possible use of endogenous modulators such as neurosteroids could represent a possible therapeutical field for further research in sleep-wake disorders.

ACKNOWLEDGMENT

We thank M. Kharouby for technical assistance.

REFERENCES

Ambrosini MV, Mariucci G, Colarieti L, Bruschelli G, Carobi C, Giuditta A. 1993. The structure of sleep is related to the learning ability of rats. Eur J Neurosci 5:269–275.

Baulieu EE. 1991. Neurosteroids: a new function in the brain. Biol Cell 71:3–10.

Bouyer JJ, Vallée M, Deminiere JM, Le Moal M, Mayo W. 1998. Reaction of sleep-wakefulness cycle to stress is related to differences in hypothalamo-pituitary-adrenal axis reactivity in rat. Brain Res 804:114–124.

Charara A, Smith Y, Parent A. 1996. Glutamatergic inputs from the pedunculopontine nucleus to midbrain dopaminergic neurons in primates: *Phaseolus vulgaris*-leucoagglutinin anterograde labeling combined with postembedding glutamate and GABA immunohistochemistry. J Comp Neurol 364:254–266.

Darnaudery M, Bouyer JJ, Pallares M, Le Moal M, Mayo W. 1999a. The promnesic neurosteroid pregnenolone sulfate increases paradoxical sleep in rats. Brain Res 818:492–498.

Darnaudery M, Koehl M, Pallares M, Le Moal M, Mayo W. 1998. The neurosteroid pregnenolone sulfate increases cortical acetylcholine release: a microdialysis study in freely moving rats. J Neurochem 71:2018–2022.

Darnaudery M, Koehl M, Piazza PV, Le Moal M, Mayo W. 2000. Pregnenolone sulfate increases hippocampal acetylcholine release and spatial recognition. Brain Res 852:173–179.

Darnaudery M, Pallares M, Bouyer JJ, Le Moal M, Mayo W. 1999b. Infusion of neurosteroids into the rat nucleus basalis affects paradoxical sleep in accordance with their memory modulating properties. Neuroscience 92:583–588.

Datta S, Patterson EH, Siwek DF. 1997. Endogenous and exogenous nitric oxide in the pedunculopontine tegmentum induces sleep. Synapse 27: 69–78.

Datta S, Siwek DF. 1997. Excitation of the brain stem pedunculopontine tegmentum cholinergic cells induces wakefulness and REM sleep. J Neurophysiol 77:2975–2988.

Datta S, Siwek DF. 2002. Single cell activity patterns of pedunculopontine tegmentum neurons across the sleep-wake cycle in the freely moving rats. J Neurosci Res 70:611–621.

Datta S, Spoley EE, Mavanji VK, Patterson EH. 2002. A novel role of pedunculopontine tegmental kainate receptors: a mechanism of rapid eye movement sleep generation in the rat. Neuroscience 114:157–164.

Figure 2

Dellu F, Mayo W, Cherkaoui J, Simon H. 1991. Learning disturbances following excitotoxic lesion of cholinergic pedunculo-pontine nucleus in the rat. Brain Res 544:126–132.

Ford B, Holmes CJ, Mainville L, Jones BE. 1995. GABAergic neurons in the rat pontomesencephalic tegmentum: codistribution with cholinergic and other tegmental neurons projecting to the posterior lateral hypothalamus. J Comp Neurol 363:177–196.

Franken P, Chollet D, Tafti M. 2001. The homeostatic regulation of sleep need is under genetic control. J Neurosci 21:2610–2621.

Friess E, Trachsel L, Guldner J, Schier T, Steiger A, Holsboer F. 1995. DHEA administration increases rapid eye movement sleep and EEG power in the sigma frequency range. Am J Physiol 268:107–113.

Hofle N, Paus T, Reutens D, Fiset P, Gotman J, Evans AC, Jones BE. 1997. Regional cerebral blood flow changes as a function of delta and spindle activity during slow wave sleep in humans. J Neurosci 17:4800–4808.

Hou YP, Manns ID, Jones BE. 2002. Immunostaining of cholinergic pontomesencephalic neurons for alpha 1 versus alpha 2 adrenergic receptors suggests different sleep-wake state activities and roles. Neuroscience 114:517–521.

Imamura M, Prasad C. 1998. Modulation of GABA-gated chloride ion influx in the brain by dehydroepiandrosterone and its metabolites. Biochem Biophys Res Commun 243:771–775.

Inglis WL, Olmstead MC, Robbins TW. 2001. Selective deficits in attentional performance on the 5-choice serial reaction time task following pedunculopontine tegmental nucleus lesions. Behav Brain Res 123:117–131.

Jones BE. 1990. Immunohistochemical study of choline acetyltransferase-immunoreactive processes and cells innervating the pontomedullary reticular formation in the rat. J Comp Neurol 295:485–514.

King SR, Manna PR, Ishii T, Syapin PJ, Ginsberg SD, Wilson K, Walsh LP, Parker KL, Stocco DM, Smith RG, Lamb DJ. 2002. An essential component in steroid synthesis, the steroidogenic acute regulatory protein, is expressed in discrete regions of the brain. J Neurosci 22:10613–10620.

Leonard CS, Llinas R. 1994. Serotonergic and cholinergic inhibition of mesopontine cholinergic neurons controlling REM sleep: an in vitro electrophysiological study. Neuroscience 59:309–330.

Leonard TO, Lydic R. 1997. Pontine nitric oxide modulates acetylcholine release, rapid eye movement sleep generation, and respiratory rate. J Neurosci 17:774–785.

Lolova IS, Lolov SR, Itzev DE. 1997. Aging and the dendritic morphology of the rat laterodorsal and pedunculopontine tegmental nuclei. Mech Ageing Dev 97:193–205.

Markowska AL, Stone WS, Ingram DK, Reynolds J, Gold PE, Conti LH, Pontecorvo MJ, Wenk GL, Olton DS. 1989. Individual differences in aging: behavioral and neurobiological correlates. Neurobiol Aging 10:31–43.

Mellon SH, Griffin LD. 2002. Synthesis, regulation, and function of neurosteroids. Endocr Res 28:463.

Mesulam MM, Mufson EJ, Wainer BH, Levey AI. 1983. Central cholinergic pathways in the rat: an overview based on an alternative nomenclature (Ch1-Ch6). Neuroscience 10:1185–1201.

Pallares M, Darnaudery M, Day J, Le Moal M, Mayo W. 1998. The neurosteroid pregnenolone sulfate infused into the nucleus basalis increases both acetylcholine release in the frontal cortex or amygdala and spatial memory. Neuroscience 87:551–558.

Parmentier R, Ohtsu H, Djebbara-Hannas Z, Valatx JL, Watanabe T, Lin JS. 2002. Anatomical, physiological, and pharmacological characteristics of histidine decarboxylase knock-out mice: evidence for the role of brain histamine in behavioral and sleep-wake control. J Neurosci 22:7695–7711.

Paxinos G, Watson CR. 1986. The rat brain in stereotaxic coordinates. London: Academic Press.

Rajkowski KM, Robel P, Baulieu EE. 1997. Hydroxysteroid sulfotransferase activity in the rat brain and liver as a function of age and sex. Steroids 62:427–436.

Ransmayr G, Faucheux B, Nowakowski C, Kubis N, Federspiel S, Kaufmann W, Henin D, Hauw JJ, Agid Y, Hirsch EC. 2000. Age-related changes of neuronal counts in the human pedunculopontine nucleus. Neurosci Lett 288:195–198.

Rupprecht R, Holsboer F. 1999. Neuroactive steroids: mechanisms of action and neuropsychopharmacological perspectives. Trends Neurosci 22:410–416.

Rye DB. 1997. Contributions of the pedunculopontine region to normal and altered REM sleep. Sleep 20:757–788.

Rye DB, Saper CB, Lee HJ, Wainer BH. 1987. Pedunculopontine tegmental nucleus of the rat: cytoarchitecture, cytochemistry, and some extrapyramidal connections of the mesopontine tegmentum. J Comp Neurol 259:483–528.

Sarter M, Bruno JP. 2000. Cortical cholinergic inputs mediating arousal, attentional processing and dreaming: differential afferent regulation of the basal forebrain by telencephalic and brainstem afferents. Neuroscience 95:933–952.

Steckler T, Inglis W, Winn P, Sahgal A. 1994. The pedunculopontine tegmental nucleus: a role in cognitive processes? Brain Res Brain Res Rev 19:298–318.

Steriade M. 1999. Brainstem activation of thalamocortical systems. Brain Res Bull 50:391–392.

Steriade M, Datta S, Pare D, Oakson G, Curro Dossi RC. 1990. Neuronal activities in brain-stem cholinergic nuclei related to tonic activation processes in thalamocortical systems. J Neurosci 10:2541–2559.

Torterolo P, Morales FR, Chase MH. 2002. GABAergic mechanisms in the pedunculopontine tegmental nucleus of the cat promote active (REM) sleep. Brain Res 944:1–9.

Vallée M, Mayo W, Darnaudery M, Corpechot C, Young J, Koehl M, Le Moal M, Baulieu EE, Robel P, Simon H. 1997. Neurosteroids: deficient cognitive performance in aged rats depends on low pregnenolone sulfate levels in the hippocampus. Proc Natl Acad Sci USA 94:14865–14870.

Wu FS, Chen SC. 1997. Mechanism underlying the effect of pregnenolone sulfate on the kainate-induced current in cultured chick spinal cord neurons. Neurosci Lett 222:79–82.

Publication n°3 :

Steroid concentrations in the pedunculopontine nucleus predict age-associated sleep/memory impairments.

George O, Vallée M, Vitiello S, Kharouby M, Le Moal M, Piazza PV, Mayo W.

* INSERM U588, Université de Bordeaux II, 1 rue Camille Saint Saëns, 33077 Bordeaux, France.

Abstract

During aging some individuals exhibit a sleep/wake circadian rhythm deficit associated with a spatial memory impairment suggesting that sleep disorders could be a primary factor leading to memory deficits. A degeneration of cholinergic neurons in the pedunculopontine nucleus (PPT) during aging has been suggested to play a key role this association of sleep and memory deficits. However the molecular determinants of this deregulation of the PPT are still unknown. It has been shown that PPT neurons could be regulated by a new class of endogenous neuromodulators, the neurosteroids which are known to influence sleep and memory processes in adult rodents. We hypothesized that an alteration of neurosteroid concentrations in the PPT during aging could explain the association between sleep and memory deficits in some aged subjects. In this report we found that pregnenolone (Preg), allopregnanolone (AlloP), Testosterone (Testo) and dihydrotestosterone (DHT) are present at high concentration in the PPT (with a 1 to 10 fold higher concentration than in the plasma) in young rats, and undergo dramatic age-related alterations with high individual differences. Aged individuals with high concentrations of Testo, DHT and AlloP in the PPT exhibited both sleep/wake circadian rhythm deficits and spatial memory impairments whereas individuals with high concentrations of Preg did not exhibit memory deficits. These results strengten the role of the PPT in the regulation of sleep and memory processes and suggest that a deregulation of neurosteroids in the PPT could be involved in the pathophysiological mechanisms of age-related sleep-dependent memory impairments.

Introduction

Aging is associated with impairments of explicit memory and a decrease in the amplitude of the sleep/wake circadian rhythm (1-4). We have recently shown that age-related sleep/wake circadian rhythm deficits predict spatial memory impairments in rats (manuscript in submission: Publication n°1), suggesting that structures involved in the regulation of sleep could be altered in these pathologies. Indeed we found that these deficits were associated with a degeneration of cholinergic neurons in the pedunculopontine nucleus (PPT) (manuscript in submission: Publication n°1), a crucial brainstem structure involved in the regulation of sleep/wake states (5-8) and cognitive processes (9). These observations are indicative of a possible deregulation of the PPT during aging, although the molecular determinants are still unknown.

Recently we demonstrated that PPT neurons could be regulated by a new class of endogenous neuromodulators, the neurosteroids (10-12). Infusion of pregnenolone sulfate (PregS) into the PPT dose-dependently increased the time spent in slow wave sleep and paradoxical sleep (13). These results are in accordance with numerous pharmacological studies showing that neurosteroids like PregS, Pregnenolone (Preg) or Allopregnanolone (AlloP) can modulate sleep and memory processes (14-23). In addition, several authors have suggested that neurosteroid concentrations could be altered during aging (24-29) and they could be involved in age-related memory impairments (30, 31). Thus, an alteration of neurosteroid concentrations in the PPT during aging could explain the sleep and memory deficits observed in some aged subjects. However due to the small size of the PPT and of the detection limits of the classical techniques, it was impossible until recently to estimate the neurosteroid concentrations in the PPT, and their possible involvement in age-related behavioral alterations.

In order to address this issue we developed a highly sensitive method based on mass spectrometry (32), allowing the detection of several neurosteroids in very small brain samples ($\geq$ 3mg wet weight). Thus we evaluated the sleep/wake circadian rhythm and the spatial memory of young, adult, middle-aged and aged rats. We then studied the relashionship between these behavioral alterations and the concentrations of several steroids (Preg, AlloP, Testosterone (Testo), dihydrotestosterone (DHT), pregnanolone, epiallopregnanolone and allotetrahydrodeoxycorticosterone (THDOC)) in the PPT and in the plasma. We demonstrated that these steroids are present in the PPT and that their concentrations undergo dramatic alterations with age. We demonstrated for the first time that Testo, DHT, Preg and AlloP concentrations in the PPT can predict sleep and memory impairments in middle-aged and aged rats.

Methods

Animals. Forty-five male Sprague-Dawley rats were purchased (Charles River laboratories) and maintained undisturbed in the animal room until the behavioral testing. The animal groups were composed of 3 months old rats (young: Y, n=8), 10 months old rats (adult: AD, n=8), 16 months old rats (middle-aged: MA, n=13) and 22 months old rats (aged: AG, n=16). Animals were housed individually in plastic cages under a constant light–dark cycle (light on, 8:00-20:00 h) with an ad libitum access to food and water. Temperature (22°C) and humidity (60%) were kept constant. All experiments were carried out in accordance with the guidelines approved by European Communities Council Directive of 24 November 1986 (86/609/EEC).

Spatial Memory Testing. Rats were tested in a water maze (180 cm diameter, 60 cm high) filled with water (21°C) made opaque by addition of milk powder. An escape platform was hidden 2 cm below the surface of the water in a fixed location in one of the four quadrants, halfway between the wall and the middle of the pool. The procedure consisted of three phases. 1) Habituation (1 day): rats were given two trials (ITI=4 hours) without any platform, and were allowed to swim during 90s. 2) Place discrimination with distal cues (8 days): rats were given four consecutive trials a day with randomly determined start locations (with one location in each of the three quadrants without the platform). The sequence of start locations was kept constant for all rats within a day but differed each day. If the rat did not found the platform in 90s, the rat was led on it. In either case the rats remained for 30s on the platform. 3) Place discrimination with distal and proximal cues (1 day): the procedure was the same than for distal cues, except that the platform was located in the opposite quadrant and was raised with a proximal cue placed above it.

Data analysis: To avoid confounding effects of swim speed on performances we computed the distance (cm) to reach the platform as an index of memory performance (33) using a computerized tracking system (Viewpoint). We defined a spatial memory deficit index as the mean distance for the last two days of the place discrimination with distal cues phase.

Sleep/Wake Circadian Rhythm Evaluation. Circadian rhythm of locomotor activity: Rats were placed in circular shaped cages (diameter=60cm) equipped with infrared beams with free access to food and water. Locomotor activity was continuously monitored (for a week by a computer (Imétronic). A circadian amplitude index (CAI) was calculated. CAI = (nocturnal activity)/(diurnal activity). (34) (manuscript in submission: Publication n°1).

Plasma and brain tissue samples. Rats were killed by decapitation. The blood was collected from the trunk in EDTA-coated tubes and centrifuged at 1000g for 10 min and stored at -70°C. The brains were rapidly removed and frozen with isopentane at -38°C in less than 45 seconds. Cerebral structures were punched out with glass Pasteur pipettes using a cryostat at -20°C (Kryomat 1700; Leitz). The PPT was sampled with reference to the atlas of Paxinos and Watson (35).

Gas chromatography / mass Spectrometry (GC/MS) procedures. The steroids Preg, AlloP, T, DHT, THDOC, epiallopregnanolone and pregnanolone were extracted from both plasma and brain tissue by a simple solid-phase extraction method (32). This method was validated in terms of sensitivity, accuracy, and precision for these neuroactive steroids. Briefly, the method uses negative chemical ionization with GC/MS and involves the formation of pentafluorobenzyloxime/trimethylsilyl ether derivatives of the steroid fraction from brain or plasma extracts to enhance the mass spectrometric analysis. Mass spectra were acquired with a QP2010 mass spectrometer (Shimadzu). The mass spectrometer was operated in a selective ion monitoring (SIM) mode, allowing for picograms of steroids to be quantified from biological extracts (32). The isotope dilution method was used to achieve accurate quantification. Deuterated analogs of steroids: pregnenolone-d4, allopregnanolone-d4, Testo-d3 and epiallopregnanolone-d4 were used as the internal standards to quantify Preg, AlloP, Testo and epiallopregnanolone respectively. The quantification of DHT and THDOC and pregnanolone was calculated on the basis of the internal standard of Testo-d3, pregnenolone-d4 and allopregnanolone-d4 respectively. The procedure was suitable for measuring concentrations of endogenous unconjugated steroids in rat plasma and cerebral structures. In biological matrices the intra and inter assay variability was 4-14% and 12-30% respectively (from 0.5pg/µl to 16pg/µl) For cerebral quantification, concentrations were determined relatively to the amount of total protein in the sample determined by a Bradford assay (Bio-Rad Laboratories).

Statistical Analysis. Results were analyzed with Statistica software (Statistica, Statsoft). In all cases, a normality test and an equal variance test were carried out before using a Student T-test or an analysis of variance (ANOVA). Post-hoc Newman-Keul's tests and Pearson correlation test were used when necessary. A multiple regression analysis was performed using circadian amplitude index or spatial memory deficit index as dependant variable and concentrations of steroids in the PPT or in the plasma as independent variables. Data are expressed as mean ± sem.

Results

Age-related sleep/wake circadian rhythm deficits are associated with spatial memory deficits in rats. Behavioral analysis showed an age-related decrease of circadian amplitude index ($F (1, 43) = 28.7$ $p<0.0001$) paralleled by an age-related increases of the spatial memory deficit index ($F (1, 43) = 14.5$ $p<0.001$) (Figure 1A,B). There were a two-fold decrease of circadian amplitude index (from 4.3 ± 0.5 in Y group to 2.2 ± 0.2 in AG group) and a three-fold increase in spatial memory deficit index (from 2.9 ± 0.4 in Y group to 8.7 ± 1.3 in AG group). These age-related alterations were highly correlated ($r=-0.50$, $p<0.001$; Figure 1C), even after correcting for the age effect ($r=-0.29$ $p<0.05$). Moreover this correlation was mainly observed in the MA group ($r=-0.58$ $p<0.05$).

Steroids are present in the PPT and undergo dramatic age-related alterations. In all groups Preg, AlloP and DHT levels were higher in the PPT than in the plasma and were not correlated with their respective plasmatic concentrations. In contrast, the levels of Testo and THDOC were similar in the PPT and in the plasma. Plasmatic and PPT Testo levels were highly correlated at each age (Pearson r ranging from 0.74 to 0.92, all $p<0.01$). Similarly, plasmatic and PPT THDOC levels were correlated in the MA and AG groups ($r=0.68$, $p<0.05$ and $r=0.72$, $p<0.05$) but not in the Y and AD groups in which THDOC was nearly undetectable. Pregnanolone and epiallopregnanolone were nearly undetectable in the plasma and the PPT even if the detection limit of the assay was extremely low (< 0.02ng/ml (or g of tissue), i.e. <6.7 10^{-11}M). We found that steroid concentrations in the PPT and plasma exhibited dramatic alterations during aging. Preg, AlloP and DHT increased during aging in the PPT (Preg: $F (1, 43) = 4.1$ $p<0.05$; AlloP: $F (1, 43) = 4.7$, $p<0.05$; DHT: $F (1, 43) = 6.6$ $p<0.05$; Figure 2A,C,E), and in the plasma (Preg: $F (1, 43) = 8.6$ $p<0.01$; AlloP: $F (1, 43) = 7.4$, $p<0.01$; DHT: $F (1, 43) = 4.1$ $p<0.05$; Figure 2B,D,F). These effects were maximal in the MA and AG groups with a two to four fold increase. THDOC also increased during aging both in the PPT ($F (1, 43) = 14.9$ $p<0.001$) and in the plasma ($F (1, 43) = 5.3$ $p<0.05$), with a three to four-fold increases in the MA and AG groups (Figure 2I,J). Only Testo decreased linearly during aging both in the PPT ($F (1, 43) = 4.8$ $p<0.05$) and in the plasma ($F (1, 43) = 4.4$ $p<0.05$; Figure 2G,H).

Age-related alteration of steroid levels in the PPT predict sleep and memory impairments in middle-aged and aged rats. In the Y and AD groups in which sleep/wake circadian rhythm and spatial memory deficits were not observed, the circadian amplitude index and the spatial memory deficit index were independent from steroid concentrations in the PPT or the plasma (all $p > 0.05$). However, in the MA and AG groups in which age-related behavioral and steroid levels alterations emerged, we found that steroid concentrations predicted behavioral alterations.

Indeed, in the MA group, testo concentrations in the PPT were negatively correlated with circadian amplitude index ($r = -0.54$, $p < 0.05$; Figure 3A) and positively correlated with spatial memory deficit index ($r = 0.67$, $p < 0.05$; Figure 3B). Moreover spatial memory deficit index was also linearly related with DHT concentration in the PPT ($r = 0.62$, $p < 0.05$; Figure 3C) and Testo concentration in the plasma ($r = 0.75$, $p < 0.05$; Figure 3D). Thus, MA subjects with high concentrations of Testo and DHT in the PPT (corresponding to the upper 40% population of the distribution) had lower circadian amplitude index (Figure 3E) and higher spatial memory deficit index than MA subjects with low concentrations of Testo and DHT in the PPT (corresponding to the lower 40% population of the distribution) (Figure 3F).

In the AG group, spatial memory deficit index was negatively correlated with Preg concentration in the PPT ($r = -0.53$, $p < 0.05$) but neither with other steroids in the PPT nor in the plasma (all $p > 0.15$), suggesting that only cerebral Preg were involved in this relationship. However, a multiple regression analysis in the AG group, with spatial memory deficit index as the dependant variable and steroid concentrations in the PPT as independent variable, demonstrated that Preg and AlloP concentrations independently predicted spatial memory deficit index with high accuracy (multiple $R^2 = 0.75$, $p < 0.05$) (Figure 4A). Partial correlation demonstrated that AG subjects with high concentrations of AlloP (beta=0.84, $r = 0.74$, $p < 0.05$) (Figure 4B) and low concentrations of Preg (beta=-0.59, $r = 0.69$, $p < 0.05$) (Figure 4C) in the PPT exhibited spatial memory deficits. These effects were specific of PPT steroid concentrations because the same analysis with plasma concentrations as independent variables did not lead to significant effects. Finally these effects were also specific of memory processes because the same analysis using circadian amplitude index as the dependant variable did not lead to significant effects.

Discussion

In this report we confirmed that age-related alterations of the sleep/wake circadian rhythm were correlated with spatial memory impairments. We demonstrated for the first time that steroids such as Preg, AlloP, DHT, Testo and THDOC are present at high concentrations in the PPT and undergo dramatic alterations with age. Moreover we found that Testo and DHT levels in the PPT predicted sleep/wake circadian rhythm and spatial memory deficits in middle-aged rats whereas Preg and AlloP levels in the PPT independently predicted spatial memory impairments in aged rats. Thus aged individuals with high levels of androgens (Testo and DHT) and AlloP in the PPT exhibited severe deficits in sleep/wake circadian rhythm and spatial memory, whereas individuals with high levels of Preg were preserved.

At the behavioral level we showed, as it has been demonstrated, that aging is associated with impairments of the sleep/wake circadian rhythm and spatial memory (1-4, 36-39). Indeed there was a progressive two fold decrease of the circadian amplitude index paralleled by a three fold increase in the spatial memory deficit index during aging. Moreover as we have shown previously (manuscript in submission: Publication n°1), we found that these two alterations were correlated (even after correcting them for the age effects), demonstrating that a spatial memory impairment was always associated with a low circadian amplitude index. This relation is not reciprocal because some rats exhibited a low circadian amplitude index without a memory impairment suggesting that the sleep/wake circadian rhythm deficits are primary. This hypothesis is reinforced by the fact that this correlation is mainly observed in the middle-aged group when sleep/wake circadian rhythm deficits emerged. Thus the aged rodent seem a valid model to study the neurobiological determinants of age-related sleep-dependent memory impairments.

At the neurochemical level we showed that the PPT contains high concentrations of Preg, AlloP and DHT, well above their plasmatic concentrations. Lowest estimations of steroid concentrations in the brain (postulating a homogeneous repartition in the brain i.e. 1g = 1ml) indicate a concentration 10 to 40 fold higher in the PPT than in the plasma. Moreover these differences could be underestimated if we postulate a regional sublocalization of steroids within the brain (i.e. in synaptic or extrasynaptic spaces) (40-42). These results reinforce the concept that classical neurosteroids (Preg and AlloP) are locally synthesized in the brain and suggest that we could extent these findings to DHT. In contrast, Testo and THDOC were found at similar concentrations in the PPT and in the plasma and were correlated with their respective plasmatic concentrations for the 4 age groups, suggesting that these steroids mainly derived from peripheral sources. Finally, pregnanolone and epiallopregnanolone were nearly undetectable in the plasma and the PPT despite the extremely low detection limit of the assay (< 1 fmole in a 10mg sample), suggesting that in our condition, these steroids were not synthesized in basal condition.

Our cross sectional study demonstrates that Testo levels decrease by two fold during aging both in the PPT and plasma. These results are in accordance with several studies demonstrating a decrease of plasmatic concentration of Testo during aging (For review see Gray et al. (43)) and extent these findings to PPT concentrations. Moreover we found a two to four fold increase during aging of Preg, AlloP, DHT and THDOC even though several authors hypothesized a global decrease of steroidogenesis during aging (25, 27, 44, 45). Nevertheless these results are in accordance with studies demonstrating that some peripheral and cerebral activities of steroidogenic enzymes (including synthesis enzymes of Preg, AlloP and DHT) remained constant or were increased during aging (46-48). Finally, we showed that the age-related increases of Preg, AlloP, and DHT concentrations in the PPT were not correlated with their plasmatic concentrations. All together these findings suggest that i) steroidogenesis is altered during aging, ii) there are specific decreases or increases depending of the steroid, and iii) cerebral and plasmatic alterations are partially independent. The similar pattern of age-related behavioral and steroid alterations suggest that steroid concentrations in the PPT could predict sleep/wake circadian rhythm or spatial memory deficits.

Indeed we demonstrated in the middle aged group -when sleep/memory deficits emerged- that Testo and DHT concentrations in the PPT correlate both with sleep/wake and memory deficits. Thus, excessive Testo and DHT concentrations in the PPT could be a primary factor leading to sleep/memory impairments. The literature about Testo and memory functions in rodent and human is conflicting. Different studies demonstrated that Testo or DHT treatments impaired, improved or had no effects on memory functions (14, 49-51). Thus it has been suspected that Testo had mixed effects on memory depending on its conversion into DHT or estradiol in the target structures. Our results suggest that in the PPT, Testo affects sleep and memory processes by its conversion to DHT. This is in accordance with studies demonstrating that androgen receptors, but not estrogen receptors were found in the PPT (52-54) and that a Testo treatment impaired spatial retention in middle aged rats (55).

In the aged group when sleep/wake circadian rhythm was totally flattened and associated with poorer memory impairment we demonstrate that Preg and AlloP but not Testo in the PPT highly predicted memory impairments. Moreover we demonstrated that the age-associated increase of AlloP in the PPT was associated with memory impairments whereas the age-related increase of Preg in the PPT was associated with a preserved memory. This is the first physiological demonstration of opposing effects of neurosteroids on memory function. Indeed numerous pharmacological data obtained in young rats demonstrated that these two neurosteroids have opposing effects on sleep and memory. Administration of Preg leads to a facilitation of the memory performance (14) whereas AlloP induces memory impairments in rodents (19, 23, 56-58). The memory enhancing effects of Preg have been attributed to its conversion to pregnenolone sulfate (PregS) by the hydroxysteroid sulfotransferase (19, 21-23, 58, 59). This hypothesis seems likely in the PPT because hydroxysteroid sulfotransferase activity was detected in the PPT area (60). Moreover, Preg and PregS administration increase slow wave sleep, delta activity (>4Hz) and paradoxical sleep whereas AlloP decrease it (13, 19, 20, 61, 62). However to date detection methods failed to detect PregS in discrete brain areas (63, 64). Only one study evaluated the relation between PregS and memory in aged rats, and they demonstrated that age-related decreases of PregS concentrations in the hippocampus were correlated with the intensity of memory deficits (25). If this result is in accordance with our findings concerning the memory protecting effect of Preg, we showed in contrast an age-related increase of Preg in the PPT. Thus it is likely that aging affects differentially the neurosteroidogenesis in different brain structures.

In conclusion, these results demonstrate that i) neuroactive steroids are present at high concentration in the PPT ii) concentrations of these steroids undergo dramatic age-related alterations, iii) Testo, DHT, Preg and AlloP concentrations in the PPT can predict sleep/wake circadian rhythm and spatial memory impairments in middle-aged and aged rats. These results highlight critical role of neuroactive steroids within the PPT in mediating the regulation of sleep and memory processes during aging and provide a pathophysiological mechanism for age-associated sleep/memory disorders.

Figures

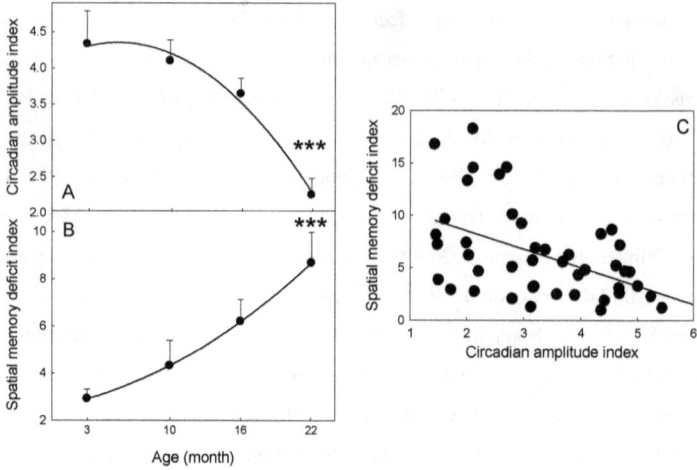

Fig. 1. Age-related alterations of the sleep/wake circadian rhythm and spatial memory are correlated. (A) Age-related decrease of the circadian amplitude index. (B) Age-related increase in the spatial memory deficit index. (C) Correlation between the circadian amplitude index and the spatial memory deficit index in the 4 groups (3, 10, 16, 22 mo), r=-0.50 p<0.001. mean ± sem. ***p<0.001 vs. Young.

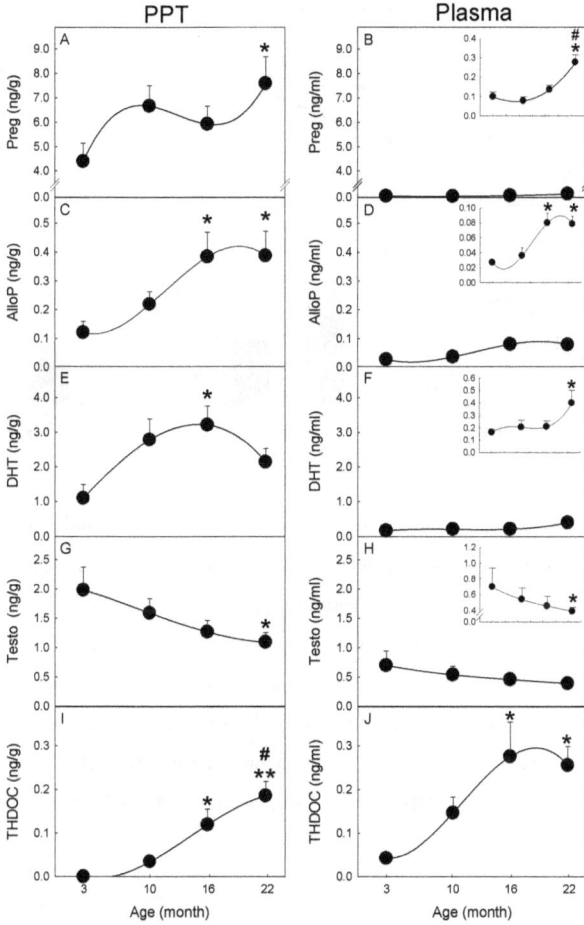

Fig. 2. Age-related alterations of steroid levels in the PPT and plasma. To allow direct comparison between PPT and plasma concentrations the Y scales are identical. (A, C, E, G, I). Concentrations (in ng/g) of Preg, AlloP, DHT, Testo and THDOC in the PPT. (B, D, F, H, J) Concentrations (in ng/ml) of Preg, AlloP, DHT, Testo and THDOC in the plasma. Inset: high scale representation of steroid concentrations (ng/ml) in plasma. The plots represent the concentrations in the four groups Young (3mo), Adult (10mo), Middle-Aged (16mo) and Aged (22mo) with a polynomial regression fit. mean ± sem. *p<0.05 vs. Young, **p<0.01 vs. Young, #p<0.05 vs. Adult.

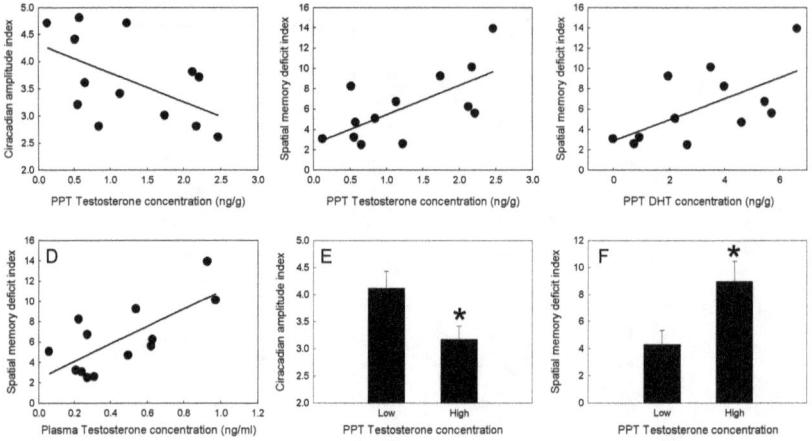

Fig. 3. Testosterone concentration in the PPT predicts age-associated sleep/memory impairments in MA subjects. (A) Correlation between circadian amplitude index and PPT Testo concentration. (B) Correlation between spatial memory deficit and PPT Testo concentration PPT. (C) Correlation between spatial memory deficit and PPT DHT concentration. (D) Correlation between spatial memory deficit and plasma Testo concentration (D). Individuals with high concentrations of Testo in the PPT exhibited a low circadian amplitude index (E) and a high spatial memory deficit index (F). All correlations are significant, see text for detailed statistical analyses. mean ± sem. *p<0.05 vs. Low.

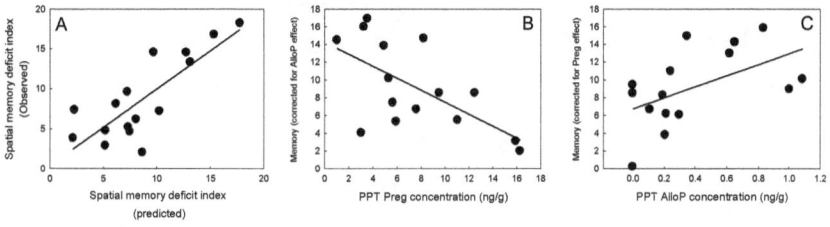

Fig. 4. Pregnenolone and allopregnanolone concentrations in the PPT predict age-associated memory impairments in AG subjects. (A) Observed versus predicted value of the spatial memory deficit index obtained with the multiple regression analysis with Preg and AlloP concentrations as independent variables. (B) Correlation between PPT Preg concentrations and the spatial memory deficit index after correcting for AlloP effects. (C) Correlation between PPT AlloP concentrations and the spatial memory deficit index after correcting for Preg effects. All correlations are significant, see text for detailed statistical analyses.

Acknowledgments:

The authors thank JM. Claustrat for technical assistance. Supported by INSERM, Université de Bordeaux II, and European Community (QLK6-CT-2000-00179).

References

1. Grady, C. L. & Craik, F. I. (2000) *Curr. Opin. Neurobiol.* 10, 224-231.

2. Nyberg, L., Persson, J. & Nilsson, L. G. (2002) *Neurosci. Biobehav. Rev.* 26, 835-839.

3. Dagan, Y. (2002) *Sleep Med. Rev.* 6, 45-54.

4. Mignot, E., Taheri, S. & Nishino, S. (2002) *Nat. Neurosci.* 5 Suppl:1071-5., 1071-1075.

5. Steriade, M., Datta, S., Pare, D., Oakson, G. & Curro Dossi, R. C. (1990) *J. Neurosci.* 10, 2541-2559.

6. Datta, S. & Siwek, D. F. (2002) *J. Neurosci. Res.* 70, 611-621.

7. Datta, S. & Siwek, D. F. (1997) *J. Neurophysiol.* 77, 2975-2988.

8. Leonard, T. O. & Lydic, R. (1997) *J. Neurosci.* 17, 774-785.

9. Dellu, F., Mayo, W., Cherkaoui, J., Le Moal, M. & Simon, H. (1991) *Brain Res.* 544, 126-132.

10. Baulieu, E. E. (1981) in *Steroid Hormone Regulation of the Brain* (Pergamon, Oxford), pp. 3-14.

11. Baulieu, E. E. (1998) *Psychoneuroendocrinology* 23, 963-987.

12. Corpechot, C., Synguelakis, M., Talha, S., Axelson, M., Sjovall, J., Vihko, R., Baulieu, E. E. & Robel, P. (1983) *Brain Res* 270, 119-125.

13. Darbra, S., George, O., Bouyer, J. J., Piazza, P. V., Le Moal, M. & Mayo, W. (2004) *J. Neurosci. Res.* 76, 742-747.

14. Flood, J. F., Morley, J. E. & Roberts, E. (1992) *Proc. Natl Acad. Sci. U. S. A* 89, 1567-1571.

15. Flood, J. F., Morley, J. E. & Roberts, E. (1995) *Proc. Natl Acad. Sci. U. S. A* 92, 10806-10810.

16. Frye, C. A. & Sturgis, J. D. (1995) *Neurobiol. Learn. Mem.* 64, 83-96.

17. Isaacson, R. L., Varner, J. A., Baars, J. M. & De Wied, D. (1995) *Brain Res.* 689, 79-84.

18. Meziane, H., Mathis, C., Paul, S. M. & Ungerer, A. (1996) *Psychopharmacology (Berl)* 126, 323-330.

19. Darnaudery, M., Pallares, M., Bouyer, J. J., Le Moal, M. & Mayo, W. (1999) *Neuroscience* 92, 583-588.

20. Darnaudery, M., Bouyer, J. J., Pallares, M., Le Moal, M. & Mayo, W. (1999) *Brain Res.* 818, 492-498.

21. Darnaudery, M., Koehl, M., Piazza, P. V., Le Moal, M. & Mayo, W. (2000) *Brain Res.* 852, 173-179.

22. Darnaudery, M., Pallares, M., Piazza, P. V., Le Moal, M. & Mayo, W. (2002) *Brain Res.* 951, 237-242.

23. Mayo, W., Dellu, F., Robel, P., Cherkaoui, J., Le Moal, M., Baulieu, E. E. & Simon, H. (1993) *Brain Res.* 607, 324-328.

24. Barbaccia, M. L., Concas, A., Serra, M. & Biggio, G. (1998) *Exp. Gerontol.* 33, 697-712.

25. Vallée, M., Mayo, W., Darnaudery, M., Corpechot, C., Young, J., Koehl, M., Le Moal, M., Baulieu, E. E., Robel, P. & Simon, H. (1997) *PNAS* 94, 14865-14870.

26. Vallée, M., Mayo, W. & Le Moal, M. (2001) *Brain Research Reviews* 37, 301-312.

27. Bernardi, F., Salvestroni, C., Casarosa, E., Nappi, R. E., Lanzone, A., Luisi, S., Purdy, R. H., Petraglia, F. & Genazzani, A. R. (1998) *Eur J Endocrinol* 138, 316-321.

28. Weill-Engerer, S., David, J. P., Sazdovitch, V., Liere, P., Eychenne, B., Pianos, A., Schumacher, M., Delacourte, A., Baulieu, E. E. & Akwa, Y. (2002) *J Clin Endocrinol Metab* 87, 5138-5143.

29. Weill-Engerer, S., David, J. P., Sazdovitch, V., Liere, P., Schumacher, M., Delacourte, A., Baulieu, E. E. & Akwa, Y. (2003) *Brain Res.* 969, 117-125.

30. Mayo, W., Le Moal, M. & Abrous, D. N. (2001) *Horm. Behav.* 40, 215-217.

31. Vallee, M., Mayo, W., Koob, G. F. & Le Moal, M. (2001) *Int. Rev Neurobiol.* 46:273-320., 273-320.

32. Vallee, M., Rivera, J. D., Koob, G. F., Purdy, R. H. & Fitzgerald, R. L. (2000) *Anal. Biochem.* 287, 153-166.

33. Lindner, M. D. (1997) *Neurobiol. Learn. Mem.* 68, 203-220.

34. Chou, T. C., Scammell, T. E., Gooley, J. J., Gaus, S. E., Saper, C. B. & Lu, J. (2003) *J. Neurosci.* 23, 10691-10702.

35. Paxinos, G. & Watson, C. (1982) *The rat brain in stereotaxic coordinates* (Academic Press, Sydney).

36. Drapeau, E., Mayo, W., Aurousseau, C., Le Moal, M., Piazza, P. V. & Abrous, D. N. (2003) *PNAS* 100, 14385-14390.

37. Ingram, D. K., London, E. D. & Goodrick, C. L. (1981) *Neurobiol. Aging* 2, 41-47.

38. Markowska, A. L., Stone, W. S., Ingram, D. K., Reynolds, J., Gold, P. E., Conti, L. H., Pontecorvo, M. J., Wenk, G. L. & Olton, D. S. (1989) *Neurobiol. Aging* 10, 31-43.

39. Van Someren, E. J. (2000) *Chronobiol. Int.* 17, 233-243.

40. Shu, H. J., Eisenman, L. N., Jinadasa, D., Covey, D. F., Zorumski, C. F. & Mennerick, S. (2004) *J. Neurosci.* 24, 6667-6675.

41. Shibuya, K., Takata, N., Hojo, Y., Furukawa, A., Yasumatsu, N., Kimoto, T., Enami, T., Suzuki, K., Tanabe, N. & Ishii, H. (2003) *Biochimica et Biophysica Acta (BBA) - General Subjects* 1619, 301-316.

42. Kimoto, T., Tsurugizawa, T., Ohta, Y., Makino, J., Tamura, H., Hojo, Y., Takata, N. & Kawato, S. (2001) *Endocrinology* 142, 3578-3589.

43. Gray, A., Berlin, J. A., McKinlay, J. B. & Longcope, C. (1991) *J Clin Epidemiol.* 44, 671-684.

44. Morley, J. E., Kaiser, F., Raum, W. J., Perry, H. M., III, Flood, J. F., Jensen, J., Silver, A. J. & Roberts, E. (1997) *Proc. Natl Acad. Sci. U. S. A* 94, 7537-7542.

45. Schumacher, M., Weill-Engerer, S., Liere, P., Robert, F., Franklin, R. J., Garcia-Segura, L. M., Lambert, J. J., Mayo, W., Melcangi, R. C., Parducz, A. *et al.* (2003) *Prog. Neurobiol.* 71, 3-29.

46. Melcangi, R. C., Celotti, F., Ballabio, M., Poletti, A. & Martini, L. (1990) *J Steroid Biochem.* 35, 145-148.

47. Stuerenburg, H. J., Fries, U., Iglauer, F. & Kunze, K. (1997) *J Neural Transm.* 104, 249-257.

48. Popplewell, P. Y., Butte, J. & Azhar, S. (1987) *Endocrinology* 120, 2521-2528.

49. Sternbach, H. (1998) *Am J Psychiatry* 155, 1310-1318.

50. Moffat, S. D., Zonderman, A. B., Metter, E. J., Blackman, M. R., Harman, S. M. & Resnick, S. M. (2002) *J Clin Endocrinol Metab* 87, 5001-5007.

51. Barrett-Connor, E., Goodman-Gruen, D. & Patay, B. (1999) *J Clin Endocrinol Metab* 84, 3681-3685.

52. Greco, B., Edwards, D. A., Michael, R. P., Zumpe, D. & Clancy, A. N. (1999) *J. Comp Neurol.* 408, 220-236.

53. Shughrue, P. J., Lane, M. V. & Merchenthaler, I. (1997) *J. Comp. Neurol.* 388, 507-525.

54. Shughrue, P. J. & Merchenthaler, I. (2001) *J. Comp. Neurol.* 436, 64-81.

55. Goudsmit, E., Van de Poll, N. E. & Swaab, D. F. (1990) *Behav. Neural Biol.* 53, 6-20.

56. Silvers, J. M., Tokunaga, S., Berry, R. B., White, A. M. & Matthews, D. B. (2003) *Brain Research Reviews* 43, 275-284.

57. Turkmen, S., Lundgren, P., Birzniece, V., Zingmark, E., Backstrom, T. & Johansson, I. M. (2004) *European Journal of Neuroscience* 20, 1604-1612.

58. Ladurelle, N., Eychenne, B., Denton, D., Blair-West, J., Schumacher, M., Robel, P. & Baulieu, E. (2000) *Brain Res.* 858, 371-379.

59. Rupprecht, R. & Holsboer, F. (1999) *Trends Neurosci.* 22, 410-416.

60. Rajkowski, K. M., Robel, P. & Baulieu, E. E. (1997) *Steroids* 62, 427-436.

61. Steiger, A., Trachsel, L., Guldner, J., Hemmeter, U., Rothe, B., Rupprecht, R., Vedder, H. & Holsboer, F. (1993) *Brain Res.* 615, 267-274.

62. Lancel, M., Faulhaber, J., Schiffelholz, T., Romeo, E., di Michele, F., Holsboer, F. & Rupprecht, R. (1997) *J Pharmacol Exp. Ther.* 282, 1213-1218.

63. Higashi, T., Sugitani, H., Yagi, T. & Shimada, K. (2003) *Biol. Pharm. Bull.* 26, 709-711.

64. Liere, P., Pianos, A., Eychenne, B., Cambourg, A., Liu, S., Griffiths, W., Schumacher, M., Sjovall, J. & Baulieu, E. E. (2004) *J Lipid Res* ..

Discussion

DISCUSSION

L'objectif de ce travail de thèse était de mettre en évidence, par des approches comportementales, électrophysiologiques, anatomiques et moléculaires, une liaison physiopathologique allant des altérations du cycle veille-sommeil liées à l'âge vers les altérations mnésiques.

I. Rôle du cycle veille-sommeil dans les altérations mnésiques de la sénescence

Comme nous l'avons mentionné (cf. Considérations méthodologiques) l'utilisation de l'actimétrie est la méthode préconisée pour le diagnostic des altérations du cycle circadien de veille-sommeil chez l'homme (Dagan, 2002). Cette technique nous a permis de mettre en évidence chez le rat âgé l'existence d'une forte variabilité interindividuelle dans l'amplitude du cycle circadien de veille-sommeil (publications n°1,3). Cette observation qui est en accord avec les travaux effectués chez le hamster (Antoniadis et al., 2000), montre que certains individus âgés ont une amplitude similaire à celle des individus jeunes alors que d'autres ont une amplitude très basse. Ainsi 30% des rats âgés de 16 mois et 88% des rats âgés de 22 mois ont une amplitude de cycle inférieure à la moyenne des rats jeunes moins 1 écart type (publication n°3). Cette baisse de l'amplitude résulte de la désorganisation temporelle des épisodes de veille et de sommeil au cours du nycthémère, aboutissant à une fragmentation des épisodes de sommeil lent (publication n°1). Ce type de désorganisation ainsi que sa prévalence est tout à fait similaire aux troubles du sommeil observés chez l'homme âgé (American Academy of Sleep Medicine., 2001; Floyd, 2002b; Huang et al., 2002; Myers et Badia, 1995; Van Someren, 2000). Ainsi, le rat âgé représente un modèle valide des altérations du cycle veille-sommeil et de leurs différences individuelles observées chez l'humain au cours du vieillissement.

Un grand nombre de travaux, tant chez l'homme que chez l'animal, a montré que la perturbation induite expérimentalement du cycle veille-sommeil perturbait la mémorisation d'information chez des individus jeunes. En effet, la privation de sommeil, sa fragmentation ou la perturbation du cycle circadien provoque des altérations de la mémoire implicite et explicite (Bonnet, 1989; Bonnet et Arand, 2003; Cho et al., 2000; Smith, 1996; Tapp et Holloway, 1981). Il a également été suggéré que le sommeil participait à l'élaboration de la trace mnésique par la réactivation de structures préalablement activées pendant l'apprentissage (Fenn et al., 2003; Gerrard et al., 2001a; Kali et Dayan, 2004; Kudrimoti et al., 1999; Lee et Wilson, 2002; Louie et Wilson, 2001; Maquet et al., 2000; Maquet, 2001; Wilson et McNaughton, 1994). Ces résultats ont conduit différents auteurs à émettre l'hypothèse qu'une altération du cycle veille-sommeil au cours du vieillissement pourrait expliquer certaines altérations de la mémoire. Cependant les résultats obtenus, que ce soit chez l'homme ou chez l'animal, sont contradictoires et ce pour trois raisons majeures. La première est qu'une grande partie des études a été effectuée en utilisant des échelles d'évaluation subjective de la qualité du sommeil (interview du patient) et sans analyse systématique des différents paramètres du sommeil (Aloia et al., 2003; Crenshaw et Edinger, 1999c; Dealberto et al., 1996; Foley et al., 2003a; Jelicic et al., 2002; Mazzoni et al., 1999; Ohayon et Vecchierini, 2002; Vignola et al., 2000). La seconde raison est que les études polysomnographiques ne portaient que sur quelques heures d'enregistrement sans prendre en compte l'importance du cycle circadien de veille-sommeil (Crenshaw et Edinger, 1999b; Markowska et al., 1989; Mazzoni et al., 1999; Stone et al., 1997). La troisième raison est que la plupart des études n'a pas évalué la mémoire explicite à long terme mais s'est focalisée sur d'autres aspects cognitifs (attention/concentration, fonctions exécutives, vitesse psychomotrice, mémoire implicite et de travail) (Bastien et al., 2003b; Crenshaw et Edinger, 1999a; Dealberto et al., 1996; Foley et al., 2003b; Hoch et al., 1992; Jelicic et al., 2002; Markowska et al., 1989; Ohayon et Vecchierini, 2002; Prinz, 1977; Stone et al., 1994; Stone et al., 1989).

Ainsi, si la relation causale entre la perturbation expérimentale du cycle veille-sommeil et les altérations mnésiques est bien démontrée, aucune étude à ce jour n'a pu mettre en évidence une corrélation entre les atteintes spontanées du cycle veille-sommeil au cours du vieillissement et les altérations de la mémoire explicite à long terme. La mise en évidence chez l'animal âgé d'une corrélation entre l'amplitude du cycle circadien de veille-sommeil et les performances de rappel à 24h dans une tâche de mémoire explicite (labyrinthe aquatique avec plateforme immergée et indices distaux) (publications n°1, 3) établit donc pour la première fois le rôle physiopathologique des altérations du cycle veille-sommeil sur les capacités mnésiques du sujet âgé. Les résultats obtenus dans les différentes expériences montrent que 33% à 66% (publications n°1, 3) des altérations de la mémoire à long terme peuvent être expliquées par les altérations du cycle veille-sommeil. De plus nous avons montré au cours de notre étude transversale (publication n°3) que tous les rats ayant des troubles mnésiques présentaient également une altération du cycle veille-sommeil alors que la réciproque n'était pas observée (Figure 23). Ainsi parmi les rats âgés de 16 et 22 mois présentant des troubles du sommeil (30% et 88% de leur population d'origine respective), 25% (16 mois) et 21% (22 mois) d'entre eux ne présentaient pas de troubles mnésiques. Nos résultats suggèrent donc que l'altération du cycle veille-sommeil est primitive et peut survenir entre 12 et 16 mois chez le rat (publication n°3).

L'ensemble de ces résultats permet de formuler deux hypothèses non mutuellement exclusives. La première est que les altérations du cycle veille-sommeil débutent chez les individus moyennement âgés (12-16 mois) et que ces altérations du sommeil n'affectent les processus mnésiques qu'après une période plus ou moins longue; un individu pourrait ainsi présenter des altérations du cycle veille-sommeil sans altération de la mémoire pendant une certaine durée (semaines, mois). La deuxième hypothèse est que ces mêmes individus auraient en fait une altération modérée de la mémoire que l'on ne pourrait pas observer dans nos conditions expérimentales (avec un rappel à 24h), il faudrait ainsi augmenter ce délai de rétention pour observer l'altération de la mémoire. Le fait que ces altérations du cycle veille-sommeil ne soient pas associées aux performances de rappel à court-terme (30s) ni aux performances lors du rappel indicé (mémoire implicite) démontre la spécificité du rôle du sommeil dans les altérations de la mémoire de type explicite à long terme. Il est donc probable que cette désorganisation du cycle veille-sommeil associée à une fragmentation du sommeil lent, perturbe les processus de consolidation de l'information mettant en jeu la réactivation neuronale - pendant le sommeil - des structures impliquées dans l'encodage des informations contextualisées. Cette perturbation des processus cognitifs du sommeil va ainsi conduire à une altération de la mémoire explicite à long terme (Fenn et al., 2003; Kudrimoti et al., 1999; Lee et Wilson, 2002; Louie et Wilson, 2001). Ces altérations mnésiques observées au cours du vieillissement semblent donc résulter en partie d'une altération de la régulation du cycle veille-sommeil et plus précisément des transitions entre l'éveil et le sommeil lent. Ceci suggère une atteinte des systèmes neuronaux plus particulièrement impliqués dans ces phases de transitions. La régulation de ces transitions dépend principalement de la modulation des boucles thalamo-corticales (contrôlant la désynchronisation corticale) par les neurones cholinergiques du noyau pédonculopontin du tegmentum (PPT) (Hobson et Pace-Schott, 2002; Steriade, 1992). Compte tenu du fait qu'une altération morphologique des neurones cholinergiques du PPT a été observée avec l'âge chez l'homme et chez le rat, il est probable qu'une atteinte de cette structure soit responsable des altérations du sommeil et de la mémoire observées au cours du vieillissement (Lolova et al., 1996; Lolova et al., 1997; Ransmayr et al., 2000).

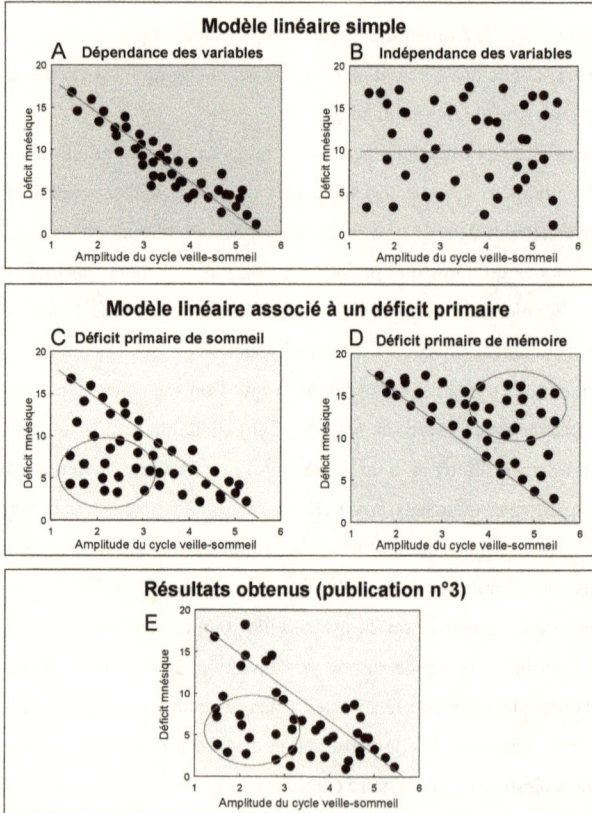

Figure 23. Modélisation des relations entre cycle veille-sommeil et mémoire et résultats obtenus.

Les deux panneaux du haut représentent les quatre modèles linéaires hypothétiques des relations entre l'amplitude du cycle veille-sommeil et le déficit mnésique. (A) La dépendance : dans ce cas il y aurait une relation linéaire négative entre la baisse de l'amplitude du cycle et le déficit mnésique. (B) L'indépendance, les deux variables n'étant pas reliées, on observerait un nuage de points. S'il existait une dépendance avec un déficit primaire une distribution asymétrique serait observée. C'est-à-dire qu'en plus de la relation linéaire négative on trouverait un certain nombre d'individus (cercle rouge) situés soit en dessous de la corrélation (si le déficit primaire est le sommeil (C)), soit au dessus de la corrélation (si le déficit primaire est la mémoire (D)). (E) Résultats obtenus dans la publication n°3, on peut noter que les résultats sont très similaires au modèle de dépendance associé à des déficits primaires du sommeil.

II. Neuropathologie du PPT

Nous avons montré que l'altération du cycle veille-sommeil chez les individus âgés était associée à une dégénérescence des neurones cholinergiques du PPT (publication n°1). Contrairement à la dégénérescence observée dans les structures cholinergiques antérieures (NBM) où l'on observe une perte cellulaire massive (Armstrong et al., 1993; Fischer et al., 1987; Martinez-Serrano et al., 1995; Martinez-Serrano et Bjorklund, 1998; Smith et al., 2004; Stroessner-Johnson et al., 1992), cette dégénérescence des neurones cholinergiques du PPT n'est pas liée à une mort cellulaire exagérée chez certains individus mais à une atrophie des neurones cholinergiques. Cette atrophie est associée à des dépôts intracellulaires excessifs de lipofuscine, substance considérée comme un marqueur de dégénérescence associé au vieillissement (Brunk et Terman, 2002). Nous avons pu également montrer que cette dégénérescence était spécifique de la partie postérieure du PPT. Ceci est cohérent avec les altérations du cycle veille-sommeil observées dans notre étude puisque la partie postérieure du PPT est connue pour être particulièrement impliquée dans la régulation du sommeil alors que la partie antérieure du PPT semble plus impliquée dans la régulation des états motivationnels et/ou hédoniques (Floresco et al., 2003; Laviolette et al., 2002; Rye et al., 1987). De plus des expériences préliminaires réalisées au laboratoire suggèrent que la lésion focalisée du PPT postérieur entraîne une diminution de l'amplitude du cycle circadien d'éveil, du sommeil lent et du sommeil paradoxal.

Chez l'homme, le PPT semble être impliqué dans certaines pathologies neurodégénératives, en particulier dans la démence à corps de Lewy (DCL), la maladie de Parkinson (MP) et la paralysie supranucléaire progressive (PSP, également appelée maladie de Steele, Richardson, Olszewski). La DCL est une démence progressive qui représente la seconde forme de démence (10 à 15 % de tous les cas de démence) après la maladie d'Alzheimer. Au niveau histopathologique elle est caractérisée par la présence de structures intracellulaires anormales, ou corps de Lewy, dont la composante majeure est l'alpha-synucléine. Ceci a conduit à regrouper les DCL avec la MP, dans le cadre plus général des synucléinopathies. Sur le plan symptomatologique, les patients souffrant de DCL et certains malades atteints de la MP (la littérature fournit à ce propos des données assez variables ; voir Ghorayeb et al., 2002 et Comella et al., 1998) ont des troubles du sommeil paradoxal souvent associés avec des hallucinations (McKeith et al., 1996). Ces troubles du sommeil paradoxal sont très peu observés dans les autres maladies neurodégénératives et représenteraient un marqueur de l'évolution des synucléopathies (Boeve et al., 2001). Ces symptômes pourraient en partie résulter d'une atteinte du PPT. En effet, dans les DCL, il existe une baisse sélective des marqueurs cholinergiques au niveau du noyau réticulaire thalamique ; cette baisse reflèterait donc une atteinte des cellules du PPT (Perry et al., 1998). Concernant la MP, on observe une baisse de 50% des cellules du PPT avec des corps de Lewy dans 20 % des neurones restants (Jellinger, 1988).

Dans la PSP on observe également des anomalies du sommeil paradoxal (Montplaisir et al., 1997) et la perte cellulaire dans le PPT serait de l'ordre de 60% et des dégénérescences neurofibrillaires existent dans environ 50 % des neurones restants (Jellinger, 1988; Zweig et al., 1987). Pour certains auteurs cependant le groupe de neurones pontiques Ch6 serait beaucoup plus atteint que le PPT dans cette pathologie (Kasashima et Oda, 2003).

Concernant la maladie d'Alzheimer, on observe une réduction du nombre de neurones cholinergiques du PPT allant de 30% à 70 % en fonction du génotype pour l'apolipoprotéine E (ApoE) (Arendt et al., 1997; Jellinger, 1988), cependant ces résultats sont difficilement interprétables car il a également été montré que le PPT n'était pas touché dans la MA (Woolf et al., 1989b). Mentionnons toutefois un cas rapporté par Schenck et coll. (Schenck et al., 1996) décrivant un malade dont les troubles du sommeil paradoxal précédaient de quelques années une démence de type Alzheimer. Chez ce patient, le nombre de cellules de la région du PPT (en fait Ch5+Ch6) était significativement supérieur à celui de personnes du même âge (31 500 cellules contre 18 500 cellules). Pour les auteurs cette hyperplasie conduirait à un excès d'épisodes de sommeil paradoxal pouvant même survenir à l'état de veille et donc conduire à des hallucinations. Mentionnons également qu'une hyperplasie des neurones du PPT à été rapportée chez certains patients atteints de syndromes schizophréniques (Garcia-Rill et al., 1995), syndromes associés à des troubles de l'attention et du sommeil paradoxal.

Peu d'auteurs ont étudié les modifications du PPT au cours du vieillissement non démentiel. Cependant il a été montré une diminution du nombre de neurones cholinergiques chez l'homme (Ransmayr et al., 2000) et une diminution de l'arborisation dendritique des neurones cholinergiques ainsi qu'une diminution du nombre de récepteurs muscariniques de type M2 dans le PPT chez le rat (Gill et Gallagher, 1998; Lolova et al., 1996; Lolova et al., 1997). Nos résultats confortent ainsi l'idée que le PPT est une structure vulnérable aux effets du vieillissement et donc la dégénérescence cellulaire observée pourrait être en partie responsable des altérations du sommeil et de la mémoire observées chez l'individu âgé.

III. Mécanismes de dérégulation du PPT

Afin de déterminer quelles pouvaient être les origines des altérations morphologiques et comportementales observées au cours du vieillissement, nous avons étudié deux systèmes de régulation potentiels du PPT connus pour leurs effets trophiques et neuromodulateurs au niveau périphérique. Nous avons ainsi recherché s'il existait un dysfonctionnement de la voie de transduction TGFβ-Smad et de la stéroïdogenèse au niveau du PPT chez les individus possédant des altérations du cycle veille-sommeil et de la mémoire.

A. Altération de la voie TGFβ-Smad

Nous avons montré que les rats âgés ayant des altérations du sommeil et de la mémoire présentaient également une dérégulation de la voie TGFβ-Smad au sein du PPT (publication n°1). Plus précisément, ces individus avaient une quantité anormalement élevée de Smad2-P et Smad3-P (forme activée et phosphorylée des protéines Smad2, 3) au niveau nucléaire et ceci sans modification notable de leur quantité cytoplasmique, ni de la quantité de la Smad7 (« Smad inhibitrice » régulant au niveau cytoplasmique l'activation des Smad2 et Smad3). Ces résultats suggèrent qu'il existe chez ces animaux une dérégulation spécifique au niveau de la localisation nucléaire des Smad-P activées alors que la voie de transduction TGFβ-Smad est régulée normalement au niveau du cytoplasme. Ce type de régulation nucléo-cytoplasmique des Smad-P a été montré *in vitro* (Inman et al., 2002; Xu et al., 2002) et il a été suggéré que les niveaux relatifs des Smad-P cytoplasmiques et nucléaires étaient régulés par le niveau de séquestration nucléaire des Smad-P (Nicolas et al., 2004). Les partenaires moléculaires responsables de cette rétention nucléaire sont à ce jour inconnus. Il est probable que les animaux âgés présentant des altérations hypniques et mnésiques ont une dérégulation des partenaires moléculaires responsables de cette séquestration. Compte tenu du fait que les stéroïdes androgéniques (T et DHT) participent à la régulation du PPT (publication n°3) et que le récepteur nucléaire aux androgènes (AR) est capable de se lier aux Smad-P au niveau nucléaire (Chipuk et al., 2002; Gerdes et al., 1998; Hayes et al., 2001; Kang et al., 2001), ce récepteur pourrait être un partenaire moléculaire responsable de la séquestration nucléaire des Smad-P.

Les effets transcriptionels des Smad-P sont multiples. On estime que l'activation de la voie TGFβ-Smad peut moduler près de 500 gènes différents (Shi et Massague, 2003). Un autre niveau de complexité vient du fait qu'en fonction des partenaires nucléaires, les Smad-P peuvent réprimer ou activer la transcription. Parmi ceux-ci, différents types de partenaires ont été décrits : les protéines de la machinerie transcriptionnelle (CBP *(Creb Binding Protein)* et p300), les facteurs de transcription coactivateurs (FAST *(forkhead activin signal transducer)*, Mixer39, TFE3 *(transcription factor binding to immunoglobulin heavy constant mu enhancer 3)*, CBFA, core-binding factor A, LEF1 *(lymphoid enhancer-binding factor 1)*, Jun et les facteurs de transcription corépresseurs (c-Ski *(Sloan-Kettering Institute proto-oncogene)*, SnoN *(Ski-related novel gene N)*, TGIF *(TG3-interacting factor)* (Massague, 2000; Shi et Massague, 2003; Ten Dijke et Hill, 2004). Ainsi, les Smad-P peuvent activer ou réprimer la transcription d'un nombre très important de gènes impliqués dans l'apoptose et la nécrose (CRADD, Apo-1/Fas, requiem HREQ) et plus généralement dans les maladies neurodégénératives (PAI-1, Delta-1, Notch 3, Huntingtin, cathepsin B, putative cysteine protease: PRSC-1) (Lesne et al., 2002). L'implication du TGFβ dans les maladies neurodégénératives à été confirmée par le fait qu'une augmentation des concentrations de TGFβ₁ et TGFβ₂ dans le liquide céphalorachidien ainsi que dans le tissu cérébral à été observée chez des patients atteints de maladies neurodégénératives (MA, PD, démences vasculaires) ainsi que chez des personnes âgées (Cacquevel et al., 2004; Flanders et al., 1995; Grammas et Ovase, 2002; Kim et al., 2003b; Mogi et al., 1995; Peress et Perillo, 1995; Sjogren et al., 2004; Tarkowski et al., 2002; van der Wal et al., 1993; Vawter et al., 1996).

Nos résultats montrent que les animaux âgés atteints de troubles hypniques et mnésiques présentent une atrophie des neurones cholinergiques du PPT associée à des dépôts excessifs de lipofuscine. La lipofuscine est une substance polymérique intralysosomique composée principalement de résidus protéiques agrégés engendrés par des processus oxydatifs. Ce type de dégénérescence (atrophie avec dépôt de lipofuscine) a déjà été observé en périphérie et a été associé à une augmentation de l'ARNm du TGFβ (Niu et al., 2001). Il est donc probable qu'au niveau du PPT l'augmentation nucléaire des Smad-P ne modifie pas la transcription de gènes impliqués dans l'apoptose et la nécrose mais plutôt ceux impliqués dans la régulation de la synthèse des dérivés oxydants tels que le NO (oxyde nitrique) et le peroxyde d'hydrogène (H_2O_2). En effet, il a été montré que la production de ces dérivés oxydants pouvait en fonction du type cellulaire concerné, être stimulée par le TGFβ1, probablement par la stimulation des NOS1, 2 et 3 *(nitric oxyde synthase de type 1, 2 et 3)* et de la NADPH oxydase (Thannickal et Fanburg, 1995; Vodovotz, 1997). Ces dérivés vont ainsi générer un stress oxydatif et participer à la formation de dépôts de lipofuscine (Brunk et Terman, 2002).

B. Altération de la stéroïdogenèse

Nous avons montré que des concentrations élevées de stéroïdes (T, DHT, Preg et AlloP) étaient présentes au sein du PPT chez le rat jeune et qu'elles étaient modifiées avec l'âge. Nous avons également montré une diminution de la Testo et une augmentation de la Preg, de la DHT, de l'AlloP et de la THDOC au cours du vieillissement. La baisse de la Testo dans le PPT est en accord avec les données montrant une baisse de la Testo plasmatique (Gray et al., 1991). En revanche l'augmentation de Preg, DHT, AlloP et THDOC dans le PPT n'était pas suspectée car la majorité des auteurs suggérait une baisse globale de la stéroïdogenèse cérébrale au cours du vieillissement (Bernardi et al., 1998; Morley et al., 1997; Schumacher et al., 2003; Vallée et al., 1997). Cependant très peu d'auteurs ont à ce jour étudié les concentrations cérébrales des stéroïdes et de leurs enzymes de synthèse au cours du vieillissement et les résultats se sont avérés contradictoires (Barbaccia et al., 1998; Bernardi et al., 1998; Melcangi et al., 1990; Stuerenburg et al., 1997; Vallée et al., 1997). En effet Bernardi et coll. ont observé une diminution d'AlloP dans le cortex et une augmentation dans l'hypothalamus et le plasma avec l'âge (Bernardi et al., 1998) alors que Barbaccia et coll. n'ont pas observé de modification liée à l'âge, ni dans le cortex, ni dans le plasma chez le rat (Barbaccia et al., 1998). De plus certains travaux montrent que l'activité enzymatique de la 5α–réductase dans le cortex est inchangée ou augmentée avec l'âge, ce qui suggère plutôt une augmentation de l'AlloP et de la DHT (Melcangi et al., 1990; Stuerenburg et al., 1997). Enfin il a été montré une diminution du PregS dans l'hippocampe au cours du vieillissement chez le rat (Vallée et al., 1997). Cependant des données récentes montrent que les techniques utilisées (techniques d'extraction et de détection radio immunologique (*radio immuno assay* (RIA)) surestimaient les concentrations réelles de PregS et d' AlloP en raison principalement de leur manque de spécificité (Higashi et al., 2003; Liere et al., 2004; Vallée et al., 2000). Ainsi l'utilisation de la GC/MS, technique qui est à ce jour la plus spécifique et la plus sensible nous a permis de montrer que contrairement à l'idée généralement admise, il n'y a pas de baisse de la stéroïdogenèse cérébrale. Au contraire, mis à part la T, on observe une augmentation de la concentration de Preg, DHT, AlloP et THDOC dans le PPT avec l'âge.

Nous avons montré que les individus âgés présentant des concentrations élevées de Testo et de DHT au sein du PPT présentaient des altérations du cycle veille-sommeil et de la mémoire (publication n°3). Ces niveaux élevés de stéroïdes androgéniques vont entraîner l'activation du récepteur nucléaire aux androgènes (AR) et pourraient ainsi participer à la séquestration nucléaire des Smad-P (cf. chapitre précédent). De nombreuses études ont mis en évidence les effets de la supplémentation en testostérone plasmatique sur les processus mnésiques (Flood et al., 1992; Sternbach, 1998). Cependant les résultats sont contradictoires et il est probable que les effets de la Testo dépendent du type de conversion de la Testo dans les structures cérébrales, soit en DHT par la 5α-réductase soit en E2 par la p450 aromatase. Dans notre étude il semble que les effets délétères sur le sommeil et la mémoire de la Testo au niveau du PPT dépendraient plutôt de sa conversion en DHT. En effet le récepteur aux androgènes a été détecté dans le PPT (Greco et al., 1999) alors que celui aux oestrogènes ne semble pas présent (Shughrue et al., 1997; Shughrue et Merchenthaler, 2001). Nous avons montré également que des concentrations élevées d'AlloP au sein du PPT étaient associées à des altérations de la mémoire alors que les individus présentant des concentrations élevées de Preg au sein du PPT étaient préservés. Ces résultats sont en accord avec les nombreuses données pharmacologiques montrant les effets opposés de ces deux stéroïdes sur le sommeil (Darnaudéry et al., 1999b; Lancel et al., 1997; Steiger et al., 1993) et la mémoire (Darnaudéry et al., 1999b; Flood et al., 1992; Ladurelle et al., 2000; Mayo et al., 1993; Silvers et al., 2003; Turkmen et al., 2004). Ces études ont montré que la Preg favorisait les processus hypniques et mnésiques alors que l'AlloP les perturbait chez l'animal adulte. De plus l'administration dans le PPT du métabolite le plus actif de la Preg, le PregS, augmente la quantité de sommeil lent et de sommeil paradoxal de façon dose-dépendante en induisant une augmentation de la durée des épisodes de sommeil lent et de sommeil paradoxal conduisant à un sommeil plus profond (publication n°2). Ainsi, il semble que les stéroïdes au niveau du PPT sont cruciaux pour la régulation du sommeil et de la mémoire tant chez l'animal jeune que chez l'individu âgé.

IV. Hypothèses neuropathologiques

A. Altérations cellulaires

1) Altération trophique et stress oxydatif

Au sein de la population de rats âgés un certain nombre (individus LA (*Low Amplitude*) présentent des troubles du sommeil et de la mémoire. Chez ces derniers, au cours du vieillissement, un excès de Testo et de DHT - ce dernier étant probablement dû également à une augmentation de l'activité 5α-réductase au niveau du PPT- pourrait provoquer l'activation du récepteur aux androgènes au niveau des neurones cholinergiques du PPT (cf. Figure 24 (1)). Cette activation entraînerait la relocalisation nucléaire des récepteurs aux

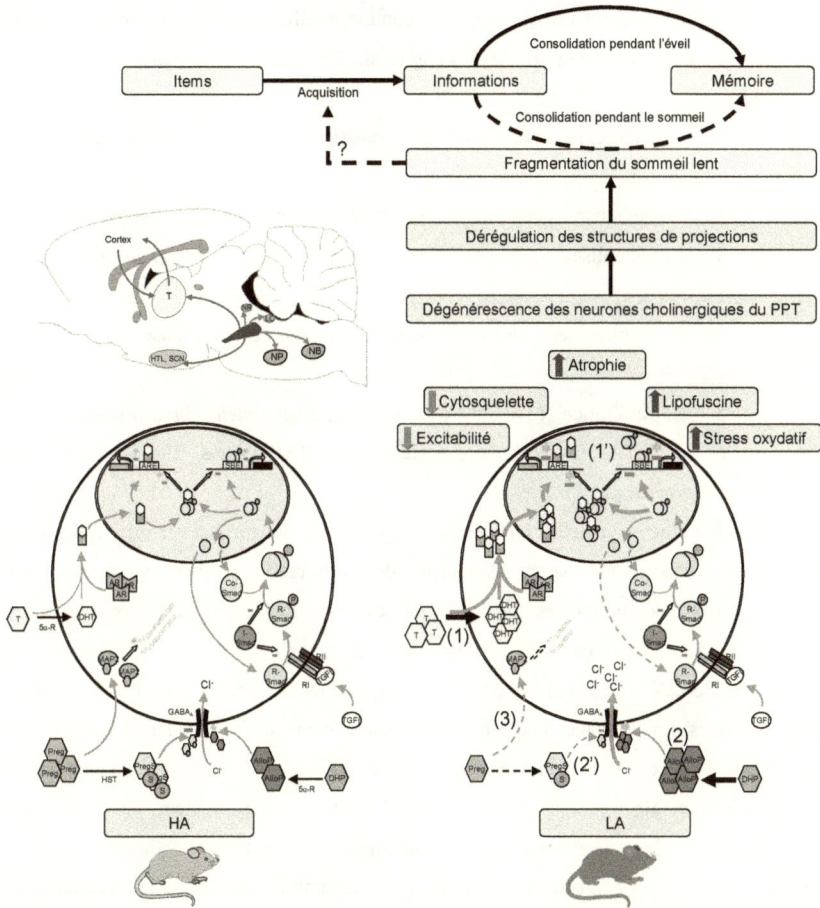

Figure 24. Représentation des altérations moléculaires, cellulaires et comportementales et de leurs conséquences hypothétiques chez les sujets HA et LA.

Le panneau du bas représente les interactions moléculaires possibles au sein des neurones cholinergiques du PPT chez un sujet HA et un sujet LA. Chez le sujet LA, l'augmentation de R-SmadP nucléaire, de la Testo et de la DHT (1) va perturber la transcription d'une multitude de gènes. L'interaction AR-Smad va également séquestrer les R-SmadP nucléaires et inhiber la transcription des gènes sous la dépendance des R-SmadP (1'). L'augmentation d'AlloP (2) va conduire à une entrée d'ions chlore et une diminution de l'excitabilité membranaire. Cet effet va être renforcé par la levée d'inhibition de récepteur $GABA_A$ par le PregS (2') due à la baisse de Preg. Cette diminution de Preg va également perturber la formation des microtubules en diminuant ses interactions avec MAP-2 (3). Ces altérations vont conduire à un stress oxydatif induisant la formation de lipofuscine et une atrophie cellulaire. Cette dégénérescence des neurones cholinergiques du PPT va entraîner une dérégulation des structures de projection aboutissant à une fragmentation du sommeil lent et finalement à une perturbation du processus de consolidation mnésique.

androgènes et la modulation (positive et négative) d'un grand nombre de gènes (dans la prostate plus de 230 gènes ont été rapportés comme modifiés après castration ou traitement aux androgènes ;Nantermet et al., 2004; Pang et al., 2002). Parmi ces gènes on retrouve des gènes impliqués dans :

1. la synthèse, la maturation et la dégradation protéique (calreticuline, protéasome C3,…)
2. le métabolisme énergétique (cytochrome c, malate déshydrogénase,…)
3. le métabolisme lipidique (stéroïde 5α-réductase II, *long-chain-fatty-acid-CoA ligase,...*)
4. la réponse au stress oxydatif (superoxyde dismutase 2, glutathione peroxidase 1,…)
5. la prolifération et l'apoptose (*growth response protein*, Bax, caspase 2,…)
6. la signalisation cellulaire (calcineurin, MAP kinase, TGFβ2, *TGFβ latent protein*,…)

Les hypothèses actuelles fondées très largement sur les travaux réalisés sur la prostate présentent les androgènes comme des facteurs de prolifération cellulaire. La sous-activation des récepteurs aux androgènes (observée par exemple lors de la castration) favoriserait l'apparition d'un stress oxydatif et l'apoptose de la cellule (Ball et Risbridger, 2003; Nantermet et al., 2004; Pang et al., 2002). Il apparaît donc surprenant, dans notre cas, que les niveaux élevés d'androgènes soient retrouvés principalement chez les sujets LA possédant une dégénérescence des neurones cholinergiques du PPT. Pour résoudre cette contradiction il est possible d'imaginer que ces niveaux élevés d'androgènes représentent soit 1) un système de compensation de la dégénérescence (si l'on conserve l'hypothèse établie sur l'étude de la prostate), soit 2) un système de dégénérescence, il existerait donc une régulation différente, au sein du système nerveux central, des gènes sous la dépendance des récepteurs aux androgènes. Il serait donc intéressant d'évaluer après stimulation locale par les androgènes au niveau du PPT, d'une part le patron d'expression d'un grand nombre de gènes par analyse *micro-array* afin de le comparer au patron d'expression observé dans la prostate et d'autre part la morphologie des neurones cholinergiques et ainsi de vérifier si les androgènes au niveau du PPT ont une action pro ou anti-dégénérative.

Un autre niveau de complexité dans cette régulation trophique est le fait qu'une augmentation du nombre de récepteurs aux androgènes nucléaires chez les sujets LA pourrait également favoriser la séquestration des R-Smad-P au niveau nucléaire par la formation d'un complexe AR—R-Smad-P (cf. Figure 24 (1')) (Ball et Risbridger, 2003). Afin de vérifier cette hypothèse il serait nécessaire d'effectuer des expériences de co-immunoprécipitation sur des extraits protéiques de PPT provenant d'individus HA et LA. Même si les conséquences de cette interaction sont encore peu connues, il semblerait que ce complexe soit capable de moduler (positivement et négativement) la transcription des gènes sous la dépendance des AR et de réprimer les gènes sous la dépendance des R-Smad-P. Les R-Smad-P vont quant à elles modifier la transcription d'une multitude de gènes dont certains pourraient être impliqués dans la formation de dérivés oxydants tels les gènes NOS1, 2 et 3 et NADPH oxydase, favorisant ainsi l'émergence d'un stress oxydatif et la formation de dépôts de lipofuscine.

2) Altération de l'excitabilité cellulaire

L'augmentation de l'activité 5α-réductase pourrait expliquer l'accroissement des concentrations d'AlloP plus importante chez les sujets LA (de la même façon que pour la DHT). Cette augmentation d'AlloP peut conduire à la stimulation du récepteur $GABA_A$ (cf. Figure 24 (2)) et donc à une diminution de l'excitabilité des neurones cholinergiques (Baulieu, 1997; Rupprecht et Holsboer, 1999). Ainsi l'AlloP va augmenter le tonus GABAergique provenant des interneurones locaux ainsi que des structures distales afférentes (hypothalamus, formation réticulée) et donc désorganiser la régulation du sommeil par les neurones cholinergiques du PPT. Des expériences préliminaires effectuées au laboratoire sont en faveur de cette hypothèse, montrant un effet perturbateur sur la régulation du sommeil lent et du sommeil paradoxal de l'administration d'AlloP au niveau du PPT. Cet effet va en outre être renforcé par la levée d'inhibition du récepteur $GABA_A$ par le PregS (puissant antagoniste du récepteur $GABA_A$) (cf. Figure 24 (2')). En effet les faibles concentrations de Preg observées chez les individus LA pourraient conduire à une baisse de PregS (Baulieu, 1997; Rupprecht et Holsboer, 1999). Afin de valider cette hypothèse il serait nécessaire d'évaluer par des enregistrements électrophysiologiques l'activité des neurones cholinergiques du PPT en situation basale et après stimulation de leurs afférences GABAergiques et de mesurer les concentrations endogènes de PregS. Il serait également nécessaire d'évaluer les niveaux d'activité des différents enzymes conduisant à la formation d'AlloP (p450scc, 3βHSD, 3αHSD et 5α-réductase) et de PregS (p450scc, HST et sulfatase) au cours du vieillissement.

3) Altération du cytosquelette

Enfin la faible concentration de Preg chez les sujets LA pourrait entraîner une dépolymérisation des microtubules (cf. Figure 24 (3)). En effet, la Preg est capable de se lier à une protéine associée aux microtubules, MAP2 (microtubule associated protein 2), avec une forte affinité (K_D=30-50nM) (Matus, 1988; Murakami et al., 2000). L'association de la Preg avec MAP2 va accélérer la polymérisation des microtubules et augmenter leur quantité au niveau du soma et des dendrites proximales (Murakami et al., 2000). La baisse de la concentration de Preg pourrait donc entraîner une déstabilisation des microtubules, une régression de l'arborisation dendritique et une perturbation du cytosquelette somatique. La démonstration de cet effet dans les neurones cholinergiques du PPT pourrait être évaluée *in vitro* sur des cultures cellulaires de neurones du PPT par immunohistochimie en utilisant des anticorps α-tubulin, MAP2 et ChAT (McKinney et al., 2004; Murakami et al., 2000).

B. Dérégulation des systèmes de contrôle du sommeil

Ces altérations cellulaires observées chez les individus LA vont entraîner une dégénérescence des neurones cholinergiques du PPT. Ces altérations pourraient modifier la transmission cholinergique au sein même du PPT et dans ses structures de projections (thalamus, formation réticulée, hypothalamus) conduisant à une fragmentation du sommeil lent et une désorganisation temporelle des épisodes d'éveil au cours de la journée (Hobson et Pace-Schott, 2002; Pace-Schott et Hobson, 2002) (cf. Figure 24). Ainsi une diminution du tonus cholinergique dans le thalamus augmenterait la propension à l'arrivée du sommeil lent par la levée d'excitation des boucles thalamo-corticales. En revanche, cette même diminution du tonus cholinergique au niveau du noyau du raphé, du locus coeruleus et du PPT conduirait à une désinhibition des neurones cholinergiques du PPT et donc faciliterait la survenue d'épisodes d'éveil et de sommeil paradoxal. Ainsi une baisse globale du tonus cholinergique pourrait favoriser à la fois le sommeil lent et l'éveil, ce qui pourrait expliquer la désorganisation temporelle des épisodes d'éveil et de sommeil lent ainsi que la fragmentation de sommeil observée dans notre étude. Il a d'ailleurs été récemment montré chez l'homme une diminution du nombre de terminaisons cholinergiques dans le thalamus chez les patients atteints d'apnée du sommeil (Gilman et al., 2003). Il serait donc intéressant d'évaluer les conséquences d'administrations aigues et chroniques au sein du PPT de T, DHT, AlloP, Preg et TGFβ sur 1) la libération d'acétylcholine et l'activité électrophysiologique dans les structures de projection du PPT, 2) sur la régulation du sommeil. Il est probable que l'administration de Preg ou d'AlloP dans le PPT affecte bien la régulation de ces structures de projection puisque nous avons montré que l'administration de PregS modifiait effectivement la régulation du sommeil lent et du sommeil paradoxal.

C. Perturbation de la consolidation mnésique

Si l'on considère qu'il existe des processus de consolidation de l'information en mémoire à long terme pendant le sommeil (Fenn et al., 2003; Kudrimoti et al., 1999; Lee et Wilson, 2002; Louie et Wilson, 2001), il est probable que l'altération du sommeil lent, notamment par sa fragmentation, va perturber la mémoire explicite en diminuant la consolidation de l'information dépendante du sommeil (cf. Figure 24). Cependant une autre hypothèse pourrait également expliquer nos résultats. La fragmentation de sommeil lent diminue la qualité du sommeil et diminue le niveau attentionnel du sujet pendant l'éveil. Cette baisse attentionnelle pourrait perturber le processus d'acquisition de l'information et ainsi altérer la mémorisation à long terme (Castel et Craik, 2003; Fernandes et al., 2004; Yeshurun et Carrasco, 1998). L'hypothèse d'une baisse attentionnelle liée à une perturbation du sommeil au cours du vieillissement est probable car il a été montré chez l'humain comme chez le rongeur, une baisse des capacités attentionnelles avec l'âge (Hedden et Gabrieli, 2004; Jones et al., 1995; McGaughy et Sarter, 1995; Moore et al., 1992; Muir et al., 1999; Sarter et Turchi, 2002; Sweeney et al., 2001; Turchi et al., 1996; Verhaeghen et Cerella, 2002) et une dépendance du niveau attentionnel de l'individu à la qualité du sommeil (Bastien et al., 2003a; Foley et al., 2003c; Kryger et al., 2004). Cependant, sans exclure l'hypothèse d'une baisse attentionnelle chez les sujets LA, il est peu probable que ce phénomène soit mis en jeu dans nos résultats et ceci pour deux raisons. Premièrement, les sujets LA ne possédaient pas de perturbation de la mémoire à court terme (explicite ou implicite) alors qu'une perturbation attentionnelle devrait altérer ce type de mémoire. Deuxièmement, les protocoles utilisés dans le labyrinthe aquatique ne semblent pas assez sensibles pour détecter les altérations attentionnelles dues au vieillissement (Muir et al., 1999; Nicolle et Baxter, 2003). Ceci est probablement dû au fait que ce test étant aversif, le sujet recrute certainement un maximum de ressources attentionnelles, suffisantes pour résoudre la tache.

D. Applications chez l'homme

Comme nous l'avons vu précédemment, il semble que la dégénérescence du PPT pourrait être à l'origine des perturbations du sommeil et de la mémoire observées chez certains individus au cours du vieillissement. Nous avons mis en évidence dans notre étude plusieurs mécanismes pouvant expliquer ces altérations comme les dérégulations de la voie trophique TGFβ-Smad et de la stéroïdogenèse au niveau du PPT ainsi que la dérégulation des systèmes neuronaux du sommeil (thalamus, formation réticulée). Notre étude ayant été réalisée sur un modèle animal il est maintenant crucial d'évaluer si les dérégulations anatomo-fonctionnelles observées au sein du PPT sont bien retrouvées chez les personnes âgées possédant à la fois des altérations du sommeil et des déficits modérés de la mémoire (en excluant donc les patients atteint de démences). Ceci sous entend une reclassification des troubles mnésiques de la sénescence afin d'y intégrer une nouvelle classe de déficits «les troubles de la mémoire liés au sommeil au cours du vieillissement» qui resterait cependant à opérationnaliser.

Ainsi il serait nécessaire d'évaluer chez ces patients les concentrations en stéroïdes et en TGFβ au niveau du plasma et du liquide céphalo-rachidien. Il serait également intéressant d'évaluer l'intégrité du système cholinergique pontique par imagerie en utilisant des ligands radioactifs. En effet, la densité des terminaisons cholinergiques peut être estimée par un ligand du transporteur vésiculaire de l'acétylcholine, le (^{123}I)-IBVM $(^{123}I$-iodobenzovesamicol) (Gilman et al., 2003). Il est également possible d'évaluer l'activité de l'enzyme de dégradation de l'acétylcholine par un ligand de l'acétylcholine estérase, le MP4A $(^{11}C$-N-methyl-4-piperidyl-acetate) (Herholz et al., 2004). Enfin les densités des récepteurs cholinergiques muscariniques et nicotiniques peuvent être évaluées respectivement par l'utilisation du N-(^{11}C)-methyl-benztropine et du 5IA (5-iodo-3- (2(S)-azetidinylmethoxy) pyridine) (Mamede et al., 2004; Xie et al., 2004). Si ces études mettent en évidence une dérégulation du TGFβ, des stéroïdes ou du système cholinergique pontique dans les altérations du sommeil et de la mémoire liées à l'âge, cela permettrait d'ouvrir de nouvelles perspectives thérapeutiques pour le traitement des altérations mnésiques liées à l'âge.

Références
Bibliographiques

REFERENCES BIBLIOGRAPHIQUES

1. Ali,C., Docagne,F., Nicole,O., Lesne,S., Toutain,J., Young,A., Chazalviel,L., Divoux,D., Caly,M., Cabal,P., Derlon,J. M., MacKenzie,E. T., Buisson,A. et Vivien,D. (2001). Increased expression of transforming growth factor-beta after cerebral ischemia in the baboon: an endogenous marker of neuronal stress? J. Cereb. Blood Flow Metab. *21*, 820-827.

2. Aloia,M. S., Ilniczky,N., Di Dio,P., Perlis,M. L., Greenblatt,D. W. et Giles,D. E. (2003). Neuropsychological changes et treatment compliance in older adults with sleep apnea. J. Psychosom. Res. *54*, 71-76.

3. American Academy of Sleep Medicine. (2001). ICSD-International classification of sleep disorders, revised:Diagnostic et coding manual. (Chicago).

4. Antoniadis,E. A., Ko,C. H., Ralph,M. R. et McDonald,R. J. (2000). Circadian rhythms, aging et memory. Behav. Brain Res. *114*, 221-233.

5. Antonipillai,I., Wahe,M., Yamamoto,J. et Horton,R. (1995). Activin et inhibin have opposite effects on steroid 5 alpha-reductase activity in genital skin fibroblasts. Mol. Cell Endocrinol. *107*, 99-104.

6. Arendt,T., Schindler,C., Bruckner,M. K., Eschrich,K., Bigl,V., Zedlick,D. et Marcova,L. (1997). Plastic neuronal remodeling is impaired in patients with Alzheimer's disease carrying apolipoprotein epsilon 4 allele. J. Neurosci. *17*, 516-529.

7. Armstrong,D. M., Sheffield,R., Buzsaki,G., Chen,K. S., Hersh,L. B., Nearing,B. et Gage,F. H. (1993). Morphologic alterations of choline acetyltransferase-positive neurons in the basal forebrain of aged behaviorally characterized Fisher 344 rats. Neurobiol. Aging *14*, 457-470.

8. Bachman,D. L., Wolf,P. A., Linn,R., Knoefel,J. E., Cobb,J., Belanger,A., D'Agostino,R. B. et White,L. R. (1992). Prevalence of dementia et probable senile dementia of the Alzheimer type in the Framingham Study. Neurology *42*, 115-119.

9. Bachman,D. L., Wolf,P. A., Linn,R. T., Knoefel,J. E., Cobb,J. L., Belanger,A. J., White,L. R. et D'Agostino,R. B. (1993). Incidence of dementia et probable Alzheimer's disease in a general population: the Framingham Study. Neurology *43*, 515-519.

10. Baddeley,A. (2003). Working memory: looking back et looking forward. Nat. Rev. Neurosci. *4*, 829-839.

11. Ball,E. M. et Risbridger,G. P. (2003). New perspectives on growth factor-sex steroid interaction in the prostate. Cytokine Growth Factor Rev *14*, 5-16.

12. Barbaccia,M. L., Concas,A., Serra,M. et Biggio,G. (1998). Stress et neurosteroids in adult et aged rats. Exp. Gerontol. *33*, 697-712.

13. Barbaccia,M. L., Roscetti,G., Trabucchi,M., Purdy,R. H., Mostallino,M. C., Concas,A. et Biggio,G. (1997). The effects of inhibitors of GABAergic transmission et stress on brain et plasma allopregnanolone concentrations. Br. J. Pharmacol. *120*, 1582-1588.

14. Barker,A., Jones,R. et Jennison,C. (1995). A prevalence study of age-associated memory impairment. Br. J. Psychiatry *167*, 642-648.

15. Barnes,C. A. (1987). Neurological et behavioral investigations of memory failure in aging animals. Int. J. Neurol. *21-22:130-6.*, 130-136.

16. Bartus,R. T., Dean,R. L., III, Beer,B. et Lippa,A. S. (1982). The cholinergic hypothesis of geriatric memory dysfunction. Science *217*, 408-414.

17. Bastien,C. H., LeBlanc,M., Carrier,J. et Morin,C. M. (2003a). Sleep EEG power spectra, insomnia et chronic use of benzodiazepines. Sleep *26*, 313-317.

18. Bastien,C. H., LeBlanc,M., Carrier,J. et Morin,C. M. (2003b). Sleep EEG power spectra, insomnia et chronic use of benzodiazepines. Sleep *26*, 313-317.

19. Baulieu,E. E. (1997). Neurosteroids: of the nervous system, by the nervous system, for the nervous system. Recent Prog. Horm. Res. *52:1-32.*, 1-32.

20. Baulieu,E. E. (1998). Neurosteroids: a novel function of the brain. Psychoneuroendocrinology *23*, 963-987.

21. Baulieu,E. E. et Robel,P. (1990). Neurosteroids: a new brain function? J. Steroid Biochem. Mol. Biol. *37*, 395-403.

22. Benchenane,K., Lopez-Atalaya,J. P., Fernandez-Monreal,M., Touzani,O. et Vivien,D. (2004). Equivocal roles of tissue-type plasminogen activator in stroke-induced injury. Trends in Neurosciences *27*, 155-160.

23. Bernardi,F., Salvestroni,C., Casarosa,E., Nappi,R. E., Lanzone,A., Luisi,S., Purdy,R. H., Petraglia,F. et Genazzani,A. R. (1998). Aging is associated with changes in allopregnanolone concentrations in brain, endocrine glands et serum in male rats. Eur. J. Endocrinol. *138*, 316-321.

24. Boeve,B. F., Silber,M. H., Ferman,T. J., Lucas,J. A. et Parisi,J. E. (2001). Association of REM sleep behavior disorder et neurodegenerative disease may reflect an underlying synucleinopathy. Mov. Disord. *16*, 622-630.

25. Bonnet,M. H. (1989). The effect of sleep fragmentation on sleep et performance in younger et older subjects. Neurobiol. Aging *10*, 21-25.

26. Bonnet,M. H. et Arand,D. L. (2003). Clinical effects of sleep fragmentation versus sleep deprivation. Sleep Med. Rev. *7*, 297-310.

27. Bouyer,J. J., Deminiere,J. M., Mayo,W. et Le Moal,M. (1997). Inter-individual differences in the effects of acute stress on the sleep-wakefulness cycle in the rat. Neurosci. Lett. *225*, 193-196.

28. Bouyer,J. J., Vallée,M., Deminiere,J. M., Le Moal,M. et Mayo,W. (1998). Reaction of sleep-wakefulness cycle to stress is related to differences in hypothalamo-pituitary-adrenal axis reactivity in rat. Brain Res. *804*, 114-124.

29. Brionne,T. C., Tesseur,I., Masliah,E. et Wyss-Coray,T. (2003). Loss of TGF-beta 1 leads to increased neuronal cell death et microgliosis in mouse brain. Neuron *40*, 1133-1145.

30. Brodin,G., Ten Dijke,P., Funa,K., Heldin,C. H. et Landstrom,M. (1999). Increased smad expression et activation are associated with apoptosis in normal et malignant prostate after castration. Cancer Res. *59*, 2731-2738.

31. Brunk,U. T. et Terman,A. (2002). Lipofuscin: mechanisms of age-related accumulation et influence on cell function. Free Radic. Biol. Med. *33*, 611-619.

32. Buisson,A., Lesne,S., Docagne,F., Ali,C., Nicole,O., MacKenzie,E. T. et Vivien,D. (2003). Transforming growth factor-beta et ischemic brain injury. Cell Mol. Neurobiol. *23*, 539-550.

33. Burke,D. M. et Mackay,D. G. (1997). Memory, language et ageing. Philos. Trans. R. Soc. Lond. B. Biol. Sci. *352*, 1845-1856.

34. Cacquevel,M., Lebeurrier,N., Cheenne,S. et Vivien,D. (2004). Cytokines in neuroinflammation et Alzheimer's disease. Curr. Drug Targets *5*, 529-534.

35. Carvalho,B. S., Waterhouse,J., Edwards,B., Simons,R. et Reilly,T. (2003). The use of actimetry to assess changes to the rest-activity cycle. Chronobiol. Int. *20*, 1039-1059.

36. Castel,A. D. et Craik,F. I. (2003). The effects of aging et divided attention on memory for item et associative information. Psychol. Aging *18*, 873-885.

37. Cheifetz,S., Bellon,T., Cales,C., Vera,S., Bernabeu,C., Massague,J. et Letarte,M. (1992). Endoglin is a component of the transforming growth factor-beta receptor system in human endothelial cells. J. Biol. Chem. *267*, 19027-19030.

38. Cheney,D. L., Uzunov,D., Costa,E. et Guidotti,A. (1995). Gas chromatographic-mass fragmentographic quantitation of 3 alpha-hydroxy-5 alpha-pregnan-20-one (allopregnanolone) et its precursors in blood et brain of adrenalectomized et castrated rats. J. Neurosci. *15*, 4641-4650.

39. Chipuk,J. E., Cornelius,S. C., Pultz,N. J., Jorgensen,J. S., Bonham,M. J., Kim,S. J. et Danielpour,D. (2002). The androgen receptor represses transforming growth factor-beta signaling through interaction with Smad3. J. Biol. Chem. *277*, 1240-1248.

40. Cho,K., Ennaceur,A., Cole,J. C. et Suh,C. K. (2000). Chronic jet lag produces cognitive deficits. J. Neurosci. *20*, RC66.

41. Chou,T. C., Scammell,T. E., Gooley,J. J., Gaus,S. E., Saper,C. B. et Lu,J. (2003). Critical role of dorsomedial hypothalamic nucleus in a wide range of behavioral circadian rhythms. J. Neurosci. *23*, 10691-10702.

42. Clement,P., Gharib,A., Cespuglio,R. et Sarda,N. (2003). Changes in the sleep-wake cycle architecture et cortical nitric oxide release during ageing in the rat. Neuroscience *116*, 863-870.

43. Clements,J. R. et Grant,S. (1990). Glutamate-like immunoreactivity in neurons of the laterodorsal tegmental et pedunculopontine nuclei in the rat. Neurosci. Lett. *120*, 70-73.

44. Clements,J. R., Toth,D. D., Highfield,D. A. et Grant,S. J. (1991). Glutamate-like immunoreactivity is present within cholinergic neurons of the laterodorsal tegmental et pedunculopontine nuclei. Adv. Exp. Med. Biol. *295:127-42.*, 127-142.

45. Cohen,N. J. et Squire,L. R. (1980). Preserved learning et retention of pattern-analyzing skill in amnesia: dissociation of knowing how et knowing that. Science *210*, 207-210.

46. Collier,T. J. et Coleman,P. D. (1991). Divergence of biological et chronological aging: evidence from rodent studies. Neurobiol. Aging *12*, 685-693.

47. Comella,C. L., Nardine,T. M., Diederich,N. J. et Stebbins,G. T. (1998). Sleep-related violence, injury et REM sleep behavior disorder in Parkinson's disease. Neurology *51*, 526-529.

48. Compagnone,N. A. et Mellon,S. H. (2000). Neurosteroids: biosynthesis et function of these novel neuromodulators. Front Neuroendocrinol. *21*, 1-56.

49. Corpechot,C., Robel,P., Axelson,M., Sjovall,J. et Baulieu,E. E. (1981). Characterization et measurement of dehydroepiandrosterone sulfate in rat brain. Proc. Natl. Acad. Sci. U. S. A. *78*, 4704-4707.

50. Corpechot,C., Synguelakis,M., Talha,S., Axelson,M., Sjovall,J., Vihko,R., Baulieu,E. E. et Robel,P. (1983). Pregnenolone et its sulfate ester in the rat brain. Brain Res. *270*, 119-125.

51. Corpechot,C., Young,J., Calvel,M., Wehrey,C., Veltz,J. N., Touyer,G., Mouren,M., Prasad,V. V., Banner,C., Sjovall,J. et . (1993). Neurosteroids: 3 alpha-hydroxy-5 alpha-pregnan-20-one et its precursors in the brain, plasma et steroidogenic glands of male et female rats. Endocrinology *133*, 1003-1009.

52. Corrigall,W. A., Coen,K. M., Adamson,K. L. et Chow,B. L. (1999). Manipulations of mu-opioid et nicotinic cholinergic receptors in the pontine tegmental region alter cocaine self-administration in rats. Psychopharmacology (Berl) *145*, 412-417.

53. Craik,F. I. M. (1977). Age differences in human memory. In Handbook of Psychology et Aging, (New York: Van Nostrand Reinhold).

54. Crenshaw,M. C. et Edinger,J. D. (1999c). Slow-wave sleep et waking cognitive performance among older adults with et without insomnia complaints. Physiol. Behav. *66*, 485-492.

55. Crenshaw,M. C. et Edinger,J. D. (1999b). Slow-wave sleep et waking cognitive performance among older adults with et without insomnia complaints. Physiol. Behav. *66*, 485-492.

56. Crenshaw,M. C. et Edinger,J. D. (1999a). Slow-wave sleep et waking cognitive performance among older adults with et without insomnia complaints. Physiol. Behav. *66*, 485-492.

57. Crook,T., Bartus,RT. et Ferrris,S. H. (1986). Age associated memory impairment: proposed diagnostic criteria et measures of clinical change: report of a National Institute of Mental Health Work Group. Dev. Neuropsychol. 2, 261-276.

58. Cui,W., Fowlis,D. J., Bryson,S., Duffie,E., Ireland,H., Balmain,A. et Akhurst,R. J. (1996). TGFbeta1 inhibits the formation of benign skin tumors, but enhances progression to invasive spindle carcinomas in transgenic mice. Cell *86*, 531-542.

59. Dagan,Y. (2002). Circadian rhythm sleep disorders (CRSD). Sleep Med. Rev. *6*, 45-54.

60. Damianisch,K., Rupprecht,R. et Lancel,M. (2001). The influence of subchronic administration of the neurosteroid allopregnanolone on sleep in the rat. Neuropsychopharmacology *25*, 576-584.

61. Darnaudéry,M., Bouyer,J. J., Pallares,M., Le Moal,M. et Mayo,W. (1999a). The promnesic neurosteroid pregnenolone sulfate increases paradoxical sleep in rats. Brain Res. *818*, 492-498.

62. Darnaudéry,M., Koehl,M., Pallares,M., Le Moal,M. et Mayo,W. (1998). The neurosteroid pregnenolone sulfate increases cortical acetylcholine release: a microdialysis study in freely moving rats. J. Neurochem. *71*, 2018-2022.

63. Darnaudéry,M., Koehl,M., Piazza,P. V., Le Moal,M. et Mayo,W. (2000). Pregnenolone sulfate increases hippocampal acetylcholine release et spatial recognition. Brain Res. *852*, 173-179.

64. Darnaudéry,M., Pallares,M., Bouyer,J. J., Le Moal,M. et Mayo,W. (1999b). Infusion of neurosteroids into the rat nucleus basalis affects paradoxical sleep in accordance with their memory modulating properties. Neuroscience *92*, 583-588.

65. Datta,S. et Hobson,J. A. (2000). The rat as an experimental model for sleep neurophysiology. Behav. Neurosci. *114*, 1239-1244.

66. Datta,S. et Siwek,D. F. (2002). Single cell activity patterns of pedunculopontine tegmentum neurons across the sleep-wake cycle in the freely moving rats. J. Neurosci. Res. *70*, 611-621.

67. Datta,S., Siwek,D. F., Patterson,E. H. et Cipolloni,P. B. (1998). Localization of pontine PGO wave generation sites et their anatomical projections in the rat. Synapse *30*, 409-423.

68. Dazzi,L., Sanna,A., Cagetti,E., Concas,A. et Biggio,G. (1996). Inhibition by the neurosteroid allopregnanolone of basal et stress-induced acetylcholine release in the brain of freely moving rats. Brain Res. *710*, 275-280.

69. De Luca,A., Weller,M. et Fontana,A. (1996). TGF-beta-induced apoptosis of cerebellar granule neurons is prevented by depolarization. J. Neurosci. *16*, 4174-4185.

70. De Martin,R., Haendler,B., Hofer-Warbinek,R., Gaugitsch,H., Wrann,M., Schlusener,H., Seifert,J. M., Bodmer,S., Fontana,A. et Hofer,E. (1987). Complementary DNA for human glioblastoma-derived Testo cell suppressor factor, a novel member of the transforming growth factor-beta gene family. EMBO J. *6*, 3673-3677.

71. Dealberto,M. J., Pajot,N., Courbon,D. et Alperovitch,A. (1996). Breathing disorders during sleep et cognitive performance in an older community sample: the EVA Study. J. Am. Geriatr. Soc. *44*, 1287-1294.

72. DeCarli,C. (2003). Mild cognitive impairment: prevalence, prognosis, aetiology et treatment. Lancet Neurol. *2*, 15-21.

73. Dellu,F., Mayo,W., Cherkaoui,J., Le Moal,M. et Simon,H. (1991). Learning disturbances following excitotoxic lesion of cholinergic pedunculo-pontine nucleus in the rat. Brain Res. *544*, 126-132.

74. Derouesné,C., Baudouin-Madec,V. et Lacomblez,L. (1998). Sémiologie des troubles de la mémoire. In Traité de Neurologie, (Paris: Elsevier), pp. 37-115-A-10.

75. Derynck,R., Akhurst,R. J. et Balmain,A. (2001). TGF-beta signaling in tumor suppression et cancer progression. Nat. Genet. *29*, 117-129.

76. Derynck,R., Jarrett,J. A., Chen,E. Y., Eaton,D. H., Bell,J. R., Assoian,R. K., Roberts,A. B., Sporn,M. B. et Goeddel,D. V. (1985). Human transforming growth factor-beta complementary DNA sequence et expression in normal et transformed cells. Nature *316*, 701-705.

77. Derynck,R., Lindquist,P. B., Lee,A., Wen,D., Tamm,J., Graycar,J. L., Rhee,L., Mason,A. J., Miller,D. A., Coffey,R. J. et . (1988). A new type of transforming growth factor-beta, TGF-beta 3. EMBO J. *7*, 3737-3743.

78. Deurveilher,S. et Hennevin,E. (2001). Lesions of the pedunculopontine tegmental nucleus reduce paradoxical sleep (PS) propensity: evidence from a short-term PS deprivation study in rats. Eur. J. Neurosci. *13*, 1963-1976.

79. Dudai,Y. et Eisenberg,M. (2004). Rites of passage of the engram; reconsolidation et the lingering consolidation hypothesis. Neuron *44*, 93-100.

80. Duffy,F. H., Albert,M. S., McAnulty,G. et Garvey,A. J. (1984). Age-related differences in brain electrical activity of healthy subjects. Ann. Neurol. *16*, 430-438.

81. Eechaute,W. P., Dhooge,W. S., Gao,C. Q., Calders,P., Rubens,R., Weyne,J. et Kaufman,J. M. (1999). Progesterone-transforming enzyme activity in the hypothalamus of the male rat. J. Steroid Biochem. Mol. Biol. *70*, 159-167.

82. Elbaz,M., Roue,G. M., Lofaso,F. et Quera Salva,M. A. (2002). Utility of actigraphy in the diagnosis of obstructive sleep apnea. Sleep *25*, 527-531.

83. Erickson,C. A. et Barnes,C. A. (2003). The neurobiology of memory changes in normal aging. Exp. Gerontol. *38*, 61-69.

84. Fay,R. et Kubin,L. (2000). Pontomedullary distribution of 5-HT2A receptor-like protein in the rat. J. Comp. Neurol. *418*, 323-345.

85. Fay,R. et Kubin,L. (2001). 5-HT(2A) receptor-like protein is present in small neurons located in rat mesopontine cholinergic nuclei, but absent from cholinergic neurons. Neurosci. Lett. *314*, 77-81.

86. Fenn,K. M., Nusbaum,H. C. et Margoliash,D. (2003). Consolidation during sleep of perceptual learning of spoken language. Nature *425*, 614-616.

87. Fernandes,M. A., Davidson,P. S., Glisky,E. L. et Moscovitch,M. (2004). Contribution of frontal et temporal lobe function to memory interference from divided attention at retrieval. Neuropsychology. *18*, 514-525.

88. Fischer,W., Wictorin,K., Bjorklund,A., Williams,L. R., Varon,S. et Gage,F. H. (1987). Amelioration of cholinergic neuron atrophy et spatial memory impairment in aged rats by nerve growth factor. Nature *329*, 65-68.

89. Flanders,K. C., Lippa,C. F., Smith,T. W., Pollen,D. A. et Sporn,M. B. (1995). Altered expression of transforming growth factor-beta in Alzheimer's disease. Neurology *45*, 1561-1569.

90. Flanders,K. C., Ren,R. F. et Lippa,C. F. (1998). Transforming growth factor-betas in neurodegenerative disease. Prog. Neurobiol. *54*, 71-85.

91. Flicker,C., Dean,R., Bartus,R. T., Ferris,S. H. et Crook,T. (1985). Animal et human memory dysfunctions associated with aging, cholinergic lesions et senile dementia. Ann. N. Y. Acad. Sci. *444:515-7.*, 515-517.

92. Flood,J. F., Morley,J. E. et Roberts,E. (1992). Memory-enhancing effects in male mice of pregnenolone et steroids metabolically derived from it. Proc. Natl Acad. Sci. U. S. A *89*, 1567-1571.

93. Floresco,S. B., West,A. R., Ash,B., Moore,H. et Grace,A. A. (2003). Afferent modulation of dopamine neuron firing differentially regulates tonic et phasic dopamine transmission. Nat. Neurosci. *6*, 968-973.

94. Floyd,J. A. (2002b). Sleep et aging. Nurs. Clin. North Am. *37*, 719-731.

95. Floyd,J. A. (2002a). Sleep et aging. Nurs. Clin. North Am. *37*, 719-731.

96. Foley,D. J., Masaki,K., White,L., Larkin,E. K., Monjan,A. et Redline,S. (2003a). Sleep-disordered breathing et cognitive impairment in elderly Japanese-American men. Sleep *26*, 596-599.

97. Foley,D. J., Masaki,K., White,L., Larkin,E. K., Monjan,A. et Redline,S. (2003b). Sleep-disordered breathing et cognitive impairment in elderly Japanese-American men. Sleep *26*, 596-599.

98. Foley,D. J., Masaki,K., White,L., Larkin,E. K., Monjan,A. et Redline,S. (2003c). Sleep-disordered breathing et cognitive impairment in elderly Japanese-American men. Sleep *26*, 596-599.

99. Foster,T. C. (1999). Involvement of hippocampal synaptic plasticity in age-related memory decline. Brain Res. Rev. *30*, 236-249.

100. Fujimoto,K., Yoshida,M., Ikeguchi,K. et Niijima,K. (1989). Impairment of active avoidance produced after destruction of pedunculopontine nucleus areas in the rat. Neurosci. Res. *6*, 321-328.

101. Furukawa,A., Miyatake,A., Ohnishi,T. et Ichikawa,Y. (1998). Steroidogenic acute regulatory protein (StAR) transcripts constitutively expressed in the adult rat central nervous system: colocalization of StAR, cytochrome P-450SCC (CYP XIA1) et 3beta-hydroxysteroid dehydrogenase in the rat brain. J. Neurochem. *71*, 2231-2238.

102. Gage,F. H., Dunnett,S. B. et Bjorklund,A. (1984). Spatial learning et motor deficits in aged rats. Neurobiol. Aging *5*, 43-48.

103. Gallagher,M. (1997). Animal models of memory impairment. Philos. Trans. R. Soc. Lond. B. Biol. Sci. *352*, 1711-1717.

104. Gallagher,M. et Pelleymounter,M. A. (1988). Spatial learning deficits in old rats: a model for memory decline in the aged. Neurobiol. Aging *9*, 549-556.

105. Gao,S., Hendrie,H. C., Hall,K. S. et Hui,S. (1998). The relationships between age, sex et the incidence of dementia et Alzheimer disease: a meta-analysis. Arch. Gen. Psychiatry *55*, 809-815.

106. Garcia-Rill,E., Biedermann,J. A., Chambers,T., Skinner,R. D., Mrak,R. E., Husain,M. et Karson,C. N. (1995). Mesopontine neurons in schizophrenia. Neuroscience *66*, 321-335.

107. Gerdes,M. J., Larsen,M., McBride,L., Dang,T. D., Lu,B. et Rowley,D. R. (1998). Localization of transforming growth factor-beta1 et type II receptor in developing normal human prostate et carcinoma tissues. J. Histochem. Cytochem. *46*, 379-388.

108. Gerrard,J. L., Kudrimoti,H., McNaughton,B. L. et Barnes,C. A. (2001a). Reactivation of hippocampal ensemble activity patterns in the aging rat. Behav. Neurosci. *115*, 1180-1192.

109. Gerrard,J. L., Kudrimoti,H., McNaughton,B. L. et Barnes,C. A. (2001b). Reactivation of hippocampal ensemble activity patterns in the aging rat. Behav. Neurosci. *115*, 1180-1192.

110. Ghorayeb,I., Yekhlef,F., Chrysostome,V., Balestre,E., Bioulac,B. et Tison,F. (2002). Sleep disorders et their determinants in multiple system atrophy. J. Neurol. Neurosurg. Psychiatry *72*, 798-800.

111. Gill,T. M. et Gallagher,M. (1998). Evaluation of Muscarinic M2 Receptor Sites in Basal Forebrain et Brainstem Cholinergic Systems of Behaviorally Characterized Young et Aged Long-Evans Rats. Neurobiol. Aging *19*, 217-225.

112. Gilman,S., Chervin,R. D., Koeppe,R. A., Consens,F. B., Little,R., An,H., Junck,L. et Heumann,M. (2003). Obstructive sleep apnea is related to a thalamic cholinergic deficit in MSA. Neurology *61*, 35-39.

113. Golomb,J., Kluger,A., de Leon,M. J., Ferris,S. H., Convit,A., Mittelman,M. S., Cohen,J., Rusinek,H., De Santi,S. et George,A. E. (1994). Hippocampal formation size in normal human aging: a correlate of delayed secondary memory performance. Learn. Mem. *1*, 45-54.

114. Golomb,J., Kluger,A., de Leon,M. J., Ferris,S. H., Mittelman,M., Cohen,J. et George,A. E. (1996). Hippocampal formation size predicts declining memory performance in normal aging. Neurology *47*, 810-813.

115. Gouin,A., Bloch-Gallego,E., Tanaka,H., Rosenthal,A. et Henderson,C. E. (1996). Transforming growth factor-beta 3, glial cell line-derived neurotrophic factor et fibroblast growth factor-2, act in different manners to promote motoneuron survival in vitro. J. Neurosci. Res. *43*, 454-464.

116. Grady,C. L. et Craik,F. I. (2000). Changes in memory processing with age. Curr. Opin. Neurobiol. *10*, 224-231.

117. Grammas,P. et Ovase,R. (2002). Cerebrovascular transforming growth factor-beta contributes to inflammation in the Alzheimer's disease brain. Am J. Pathol. *160*, 1583-1587.

118. Gray,A., Berlin,J. A., McKinlay,J. B. et Longcope,C. (1991). An examination of research design effects on the association of testosterone et male aging: results of a meta-analysis. J. Clin Epidemiol. *44*, 671-684.

119. Greco,B., Edwards,D. A., Michael,R. P., Zumpe,D. et Clancy,A. N. (1999). Colocalization of androgen receptors et mating-induced FOS immunoreactivity in neurons that project to the central tegmental field in male rats. J. Comp. Neurol. *408*, 220-236.

120. Griffin,L. D. et Mellon,S. H. (1999). Selective serotonin reuptake inhibitors directly alter activity of neurosteroidogenic enzymes. Proc. Natl. Acad. Sci. U. S. A *96*, 13512-13517.

121. Gron,G., Bittner,D., Schmitz,B., Wunderlich,A. P., Tomczak,R. et Riepe,M. W. (2003). Variability in memory performance in aged healthy individuals: an fMRI study. Neurobiol. Aging *24*, 453-462.

122. Guazzelli,M., Feinberg,I., Aminoff,M., Fein,G., Floyd,T. C. et Maggini,C. (1986). Sleep spindles in normal elderly: comparison with young adult patterns et relation to

nocturnal awakening, cognitive function et brain atrophy. Electroencephalogr. Clin. Neurophysiol. *63*, 526-539.

123. Guennoun,R., Fiddes,R. J., Gouezou,M., Lombes,M. et Baulieu,E. E. (1995). A key enzyme in the biosynthesis of neurosteroids, 3 beta-hydroxysteroid dehydrogenase/delta 5-delta 4-isomerase (3 beta-HSD), is expressed in rat brain. Brain Res. Mol. Brain Res. *30*, 287-300.

124. Hanninen,T., Hallikainen,M., Koivisto,K., Partanen,K., Laakso,M. P., Riekkinen,P. J., Sr. et Soininen,H. (1997). Decline of frontal lobe functions in subjects with age-associated memory impairment. Neurology *48*, 148-153.

125. Hanninen,T., Koivisto,K., Reinikainen,K. J., Helkala,E. L., Soininen,H., Mykkanen,L., Laakso,M. et Riekkinen,P. J. (1996). Prevalence of ageing-associated cognitive decline in an elderly population. Age Ageing *25*, 201-205.

126. Hanukoglu,I., Karavolas,H. J. et Goy,R. W. (1977). Progesterone metabolism in the pineal, brain stem, thalamus et corpus callosum of the female rat. Brain Res. *125*, 313-324.

127. Hata,A., Lo,R. S., Wotton,D., Lagna,G. et Massague,J. (1997). Mutations increasing autoinhibition inactivate tumour suppressors Smad2 et Smad4. Nature *388*, 82-87.

128. Hata,A., Shi,Y. et Massague,J. (1998). TGF-beta signaling et cancer: structural et functional consequences of mutations in Smads. Mol. Med. Today *4*, 257-262.

129. Hayashi,Y. et Endo,S. (1982a). All-night sleep polygraphic recordings of healthy aged persons: REM et slow-wave sleep. Sleep *5*, 277-283.

130. Hayashi,Y. et Endo,S. (1982b). Comparison of sleep characteristics of subjects in their 70's with those in their 80's. Folia Psychiatr. Neurol. Jpn. *36*, 23-32.

131. Hayes,S. A., Zarnegar,M., Sharma,M., Yang,F., Peehl,D. M., Ten Dijke,P. et Sun,Z. (2001). SMAD3 represses androgen receptor-mediated transcription. Cancer Res. *61*, 2112-2118.

132. Hedden,T. et Gabrieli,J. D. E. (2004). Insights into the ageing mind: a view from cognitive neuroscience. Nat. Rev. Neurosci. *5*, 87-96.

133. Herholz,K., Weisenbach,S., Zundorf,G., Lenz,O., Schroder,H., Bauer,B., Kalbe,E. et Heiss,W. D. (2004). In vivo study of acetylcholine esterase in basal forebrain, amygdala et cortex in mild to moderate Alzheimer disease. Neuroimage. *21*, 136-143.

134. Higashi,T., Sugitani,H., Yagi,T. et Shimada,K. (2003). Studies on Neurosteroids XVI. Levels of Pregnenolone Sulfate in Rat Brains Determined by Enzyme-linked Immunosorbent Assay Not Requiring Solvolysis. Biol. Pharm. Bull. *26*, 709-711.

135. Hobson,J. A. (1992). Sleep et dreaming: induction et mediation of REM sleep by cholinergic mechanisms. Curr. Opin. Neurobiol. *2*, 759-763.

136. Hobson,J. A. et Pace-Schott,E. F. (2002). The cognitive neuroscience of sleep: neuronal systems, consciousness et learning. Nat. Rev. Neurosci. *3*, 679-693.

137. Hoch,C. C., Reynolds,C. F., III, Buysse,D. J., Machen,M., Schlernitzauer,M., Hall,F. et Kupfer,D. J. (1992). Sleep-disordered breathing in healthy et spousally bereaved elderly: a one-year follow-up study. Neurobiol. Aging *13*, 741-746.

138. Holsboer,F., Wiedemann,K., Rupprecht,R. et Steiger,A. (1992). Effects of corticosteroids et neurosteroids on sleep EEG. Clin. Neuropharmacol. *15 Suppl 1 Pt A:588A-589A*.

139. Hu,Z. Y., Bourreau,E., Jung-Testas,I., Robel,P. et Baulieu,E. E. (1987). Neurosteroids: oligodendrocyte mitochondria convert cholesterol to pregnenolone. Proc. Natl. Acad. Sci. U. S. A *84*, 8215-8219.

140. Huang,Y. L., Liu,R. Y., Wang,Q. S., van Someren,E. J., Xu,H. et Zhou,J. N. (2002). Age-associated difference in circadian sleep-wake et rest-activity rhythms. Physiol. Behav. *76*, 597-603.

141. Inglis,W. L. et Winn,P. (1995). The pedunculopontine tegmental nucleus: where the striatum meets the reticular formation. Prog. Neurobiol. *47*, 1-29.

142. Ingram,D. K., London,E. D. et Reynolds,M. A. (1982). Circadian rhythmicity et sleep: effects of aging in laboratory animals. Neurobiol. Aging *3*, 287-297.

143. Inman,G. J., Nicolas,F. J. et Hill,C. S. (2002). Nucleocytoplasmic shuttling of Smads 2, 3 et 4 permits sensing of TGF-beta receptor activity. Mol. Cell *10*, 283-294.

144. Itoh,S., Landstrom,M., Hermansson,A., Itoh,F., Heldin,C. H., Heldin,N. E. et Ten Dijke,P. (1998). Transforming growth factor beta1 induces nuclear export of inhibitory Smad7. J. Biol. Chem. *273*, 29195-29201.

145. Jelicic,M. (1995). Aging et performance on implicit memory tasks: a brief review. Int. J. Neurosci. *82*, 155-161.

146. Jelicic,M., Bosma,H., Ponds,R. W., Van Boxtel,M. P., Houx,P. J. et Jolles,J. (2002). Subjective sleep problems in later life as predictors of cognitive decline. Report from the Maastricht Ageing Study (MAAS). Int. J. Geriatr. Psychiatry *17*, 73-77.

147. Jellinger,K. (1988). The pedunculopontine nucleus in Parkinson's disease, progressive supranuclear palsy et Alzheimer's disease. J. Neurol. Neurosurg. Psychiatry *51*, 540-543.

148. Jiang,H. K., Owyang,V. V., Hong,J. S. et Gallagher,M. (1989). Elevated dynorphin in the hippocampal formation of aged rats: relation to cognitive impairment on a spatial learning task. Proc. Natl. Acad. Sci. U. S. A. *86*, 2948-2951.

149. Jo,D. H., Abdallah,M. A., Young,J., Baulieu,E. E. et Robel,P. (1989). Pregnenolone, dehydroepiandrosterone et their sulfate et fatty acid esters in the rat brain. Steroids *54*, 287-297.

150. Jones,B. E. (1991). The role of noradrenergic locus coeruleus neurons et neighboring cholinergic neurons of the pontomesencephalic tegmentum in sleep-wake states. Prog. Brain Res. *88:533-43.*, 533-543.

151. Jones,D. N., Barnes,J. C., Kirkby,D. L. et Higgins,G. A. (1995). Age-associated impairments in a test of attention: evidence for involvement of cholinergic systems. J. Neurosci. *15*, 7282-7292.

152. Kales,A., Wilson,T., Kales,J. D., Jacobson,A., Paulson,M. J., Kollar,E. et Walter,R. D. (1967). Measurements of all-night sleep in normal elderly persons: effects of aging. J. Am Geriatr. Soc. *15*, 405-414.

153. Kali,S. et Dayan,P. (2004). Off-line replay maintains declarative memories in a model of hippocampal-neocortical interactions. Nat. Neurosci. *7*, 286-294.

154. Kandel,E. R. et Pittenger,C. (1999). The past, the future et the biology of memory storage. Philos. Trans. R. Soc. Lond. B. Biol. Sci. *354*, 2027-2052.

155. Kane,C. J., Brown,G. J. et Phelan,K. D. (1996). Transforming growth factor-beta 2 both stimulates et inhibits neurogenesis of rat cerebellar granule cells in culture. Brain Res. Dev. Brain Res, *96*, 46-51.

156. Kang,H. Y., Lin,H. K., Hu,Y. C., Yeh,S., Huang,K. E. et Chang,C. (2001). From transforming growth factor-beta signaling to androgen action: identification of Smad3 as an androgen receptor coregulator in prostate cancer cells. Proc. Natl Acad. Sci. U. S. A *98*, 3018-3023.

157. Kasashima,S. et Oda,Y. (2003). Cholinergic neuronal loss in the basal forebrain et mesopontine tegmentum of progressive supranuclear palsy et corticobasal degeneration. Acta Neuropathol. (Berl) *105*, 117-124.

158. Keating,G. L., Walker,S. C. et Winn,P. (2002). An examination of the effects of bilateral excitotoxic lesions of the pedunculopontine tegmental nucleus on responding to sucrose reward. Behav. Brain Res. *134*, 217-228.

159. Khanna,M., Qin,K. N. et Cheng,K. C. (1995). Distribution of 3 alpha-hydroxysteroid dehydrogenase in rat brain et molecular cloning of multiple cDNAs encoding structurally related proteins in humans. J. Steroid Biochem. Mol. Biol. *53*, 41-46.

160. Kim,A. H., Lebman,D. A., Dietz,C. M., Snyder,S. R., Eley,K. W. et Chung,T. D. (2003a). Transforming growth factor-beta is an endogenous radioresistance factor in the esophageal adenocarcinoma cell line OE-33. Int. J. Oncol. *23*, 1593-1599.

161. Kim,D. H. et Kim,S. J. (1996). Transforming Growth Factor-beta Receptors: Role in Physiology et Disease. J. Biomed. Sci. *3*, 143-158.

162. Kim,S. B., Hill,M., Kwak,Y. T., Hampl,R., Jo,D. H. et Morfin,R. (2003b). Neurosteroids: Cerebrospinal fluid levels for Alzheimer's disease et vascular dementia diagnostics. J. Clin. Endocrinol. Metab. *88*, 5199-5206.

163. Kimoto,T., Tsurugizawa,T., Ohta,Y., Makino,J., Tamura,H., Hojo,Y., Takata,N. et Kawato,S. (2001). Neurosteroid synthesis by cytochrome p450-containing systems localized in the rat brain hippocampal neurons: N-methyl-D-aspartate et calcium-dependent synthesis. Endocrinology *142*, 3578-3589.

164. Kirov,R. et Moyanova,S. (2002). Distinct sleep-wake stages in rats depend differentially on age. Neurosci. Lett. 322,134-6

165. Kishimoto,W., Hiroi,T., Shiraishi,M., Osada,M., Imaoka,S., Kominami,S., Igarashi,T. et Funae,Y. (2004). Cytochrome P450 2D catalyze steroid 21-hydroxylation in the brain. Endocrinology *145*, 699-705.

166. Koehl,M., Bouyer,J. J., Darnaudéry,M., Le Moal,M. et Mayo,W. (2002). The effect of restraint stress on paradoxical sleep is influenced by the circadian cycle. Brain Res. *937*, 45-50.

167. Koenig,H. L., Schumacher,M., Ferzaz,B., Thi,A. N., Ressouches,A., Guennoun,R., Jung-Testas,I., Robel,P., Akwa,Y. et Baulieu,E. E. (1995). Progesterone synthesis et myelin formation by Schwann cells. Science *268*, 1500-1503.

168. Kohchi,C., Ukena,K. et Tsutsui,K. (1998). Age- et region-specific expressions of the messenger RNAs encoding for steroidogenic enzymes p450scc, P450c17 et 3beta-HSD in the postnatal rat brain. Brain Res. *801*, 233-238.

169. Koivisto,K., Reinikainen,K. J., Hanninen,T., Vanhanen,M., Helkala,E. L., Mykkanen,L., Laakso,M., Pyorala,K. et Riekkinen,P. J., Sr. (1995). Prevalence of age-associated memory impairment in a randomly selected population from eastern Finland. Neurology *45*, 741-747.

170. Krupinski,J., Kumar,P., Kumar,S. et Kaluza,J. (1996). Increased expression of TGF-beta 1 in brain tissue after ischemic stroke in humans. Stroke *27*, 852-857.

171. Kryger,M., Monjan,A., Bliwise,D. et Ancoli-Israel,S. (2004). Sleep, health et aging. Bridging the gap between science et clinical practice. Geriatrics *59*, 24-30.

172. Kubalak,S. W., Hutson,D. R., Scott,K. K. et Shannon,R. A. (2002). Elevated transforming growth factor beta2 enhances apoptosis et contributes to abnormal outflow tract et aortic sac development in retinoic X receptor alpha knockout embryos. Development *129*, 733-746.

173. Kudrimoti,H. S., Barnes,C. A. et McNaughton,B. L. (1999). Reactivation of hippocampal cell assemblies: effects of behavioral state, experience et EEG dynamics. J. Neurosci. *19*, 4090-4101.

174. Kupfer,D. J., Reynolds,C. F., III, Ulrich,R. F., Shaw,D. H. et Coble,P. A. (1982). EEG sleep, depression et aging. Neurobiol. Aging *3*, 351-360.

175. Ladurelle,N., Eychenne,B., Denton,D., Blair-West,J., Schumacher,M., Robel,P. et Baulieu,E. (2000). Prolonged intracerebroventricular infusion of neurosteroids affects cognitive performances in the mouse. Brain Res. *858*, 371-379.

176. Lancel,M., Faulhaber,J., Schiffelholz,T., Romeo,E., di Michele,F., Holsboer,F. et Rupprecht,R. (1997). Allopregnanolone affects sleep in a benzodiazepine-like fashion. J. Pharmacol Exp. Ther. *282*, 1213-1218.

177. Larrieu,S., Letenneur,L., Orgogozo,J. M., Fabrigoule,C., Amieva,H., Le Carret,N., Barberger-Gateau,P. et Dartigues,J. F. (2002). Incidence et outcome of mild cognitive impairment in a population-based prospective cohort. Neurology *59*, 1594-1599.

178. Laviolette,S. R., Alexson,T. O. et van der,K. D. (2002). Lesions of the tegmental pedunculopontine nucleus block the rewarding effects et reveal the aversive effects of nicotine in the ventral tegmental area. J. Neurosci. *22*, 8653-8660.

179. Lavoie,B. et Parent,A. (1994a). Pedunculopontine nucleus in the squirrel monkey: cholinergic et glutamatergic projections to the substantia nigra. J. Comp. Neurol. *344*, 232-241.

180. Lavoie,B. et Parent,A. (1994b). Pedunculopontine nucleus in the squirrel monkey: distribution of cholinergic et monoaminergic neurons in the mesopontine tegmentum with evidence for the presence of glutamate in cholinergic neurons. J. Comp. Neurol. *344*, 190-209.

181. Le Goascogne,C., Robel,P., Gouezou,M., Sananes,N., Baulieu,E. E. et Waterman,M. (1987). Neurosteroids: cytochrome P-450scc in rat brain. Science *237*, 1212-1215.

182. Lee,A. A., Dillmann,W. H., McCulloch,A. D. et Villarreal,F. J. (1995). Angiotensin II stimulates the autocrine production of transforming growth factor-beta 1 in adult rat cardiac fibroblasts. J. Mol. Cell Cardiol. *27*, 2347-2357.

183. Lee,A. K. et Wilson,M. A. (2002). Memory of sequential experience in the hippocampus during slow wave sleep. Neuron *36*, 1183-1194.

184. Lephart,E. D., Lund,T. D. et Horvath,T. L. (2001). Brain androgen et progesterone metabolizing enzymes: biosynthesis, distribution et function. Brain Res. Rev. *37*, 25-37.

185. Leri,F. et Franklin,K. B. (1998). Learning impairments caused by lesions to the pedunculopontine tegmental nucleus: an artifact of anxiety? Brain Res. *807*, 187-192.

186. Lesne,S., Blanchet,S., Docagne,F., Liot,G., Plawinski,L., MacKenzie,E. T., Auffray,C., Buisson,A., Pietu,G. et Vivien,D. (2002). Transforming growth factor-beta1-modulated cerebral gene expression. J. Cereb. Blood Flow Metab. *22*, 1114-1123.

187. Levy,R. (1994). Aging-associated cognitive decline. Working Party of the International Psychogeriatric Association in collaboration with the World Health Organization. Int. Psychogeriatr. *6*, 63-68.

188. Liere,P., Pianos,A., Eychenne,B., Cambourg,A., Liu,S., Griffiths,W., Schumacher,M., Sjovall,J. et Baulieu,E. E. (2004). Novel lipoidal derivatives of pregnenolone et dehydroepiandrosterone et absence of their sulfated counterparts in rodent brain. J. Lipid Res. In press.

189. Lippa,C. F., Smith,T. W. et Flanders,K. C. (1995). Transforming growth factor-beta: neuronal et glial expression in CNS degenerative diseases. Neurodegeneration *4*, 425-432.

190. Llinas,R. R. et Pare,D. (1991). Of dreaming et wakefulness. Neuroscience *44*, 521-535.

191. Lolova,I. S., Lolov,S. R. et Itzev,D. E. (1996). Changes in NADPH-diaphorase neurons of the rat laterodorsal et pedunculopontine tegmental nuclei in aging. Mech. Ageing Dev. *90*, 111-128.

192. Lolova,I. S., Lolov,S. R. et Itzev,D. E. (1997). Aging et the dendritic morphology of the rat laterodorsal et pedunculopontine tegmental nuclei. Mech. Ageing Dev. *97*, 193-205.

193. Losier,B. J. et Semba,K. (1993). Dual projections of single cholinergic et aminergic brainstem neurons to the thalamus et basal forebrain in the rat. Brain Res. *604*, 41-52.

194. Louie,K. et Wilson,M. A. (2001). Temporally structured replay of awake hippocampal ensemble activity during rapid eye movement sleep. Neuron *29*, 145-156.

195. Lyketsos,C. G., Lopez,O., Jones,B., Fitzpatrick,A. L., Breitner,J. et DeKosky,S. (2002). Prevalence of neuropsychiatric symptoms in dementia et mild cognitive impairment: results from the cardiovascular health study. JAMA *288*, 1475-1483.

196. Maayan,R., Abou-Kaud,M., Strous,R. D., Kaplan,B., Fisch,B., Shinnar,N. et Weizman,A. (2004). The influence of parturition on the level et synthesis of sulfated et free neurosteroids in rats. Neuropsychobiology *49*, 17-23.

197. Mamede,M., Ishizu,K., Ueda,M., Mukai,T., Iida,Y., Fukuyama,H., Saga,T. et Saji,H. (2004). Quantification of Human Nicotinic Acetylcholine Receptors with 123I-5IA SPECT. J. Nucl. Med. *45*, 1458-1470.

198. Maquet,P. (2001). The role of sleep in learning et memory. Science *294*, 1048-1052.

199. Maquet,P., Laureys,S., Peigneux,P., Fuchs,S., Petiau,C., Phillips,C., Aerts,J., Del Fiore,G., Degueldre,C., Meulemans,T., Luxen,A., Franck,G., Van Der,L. M., Smith,C. et Cleeremans,A. (2000). Experience-dependent changes in cerebral activation during human REM sleep. Nat. Neurosci. *3*, 831-836.

200. Markowska,A. L., Stone,W. S., Ingram,D. K., Reynolds,J., Gold,P. E., Conti,L. H., Pontecorvo,M. J., Wenk,G. L. et Olton,D. S. (1989). Individual differences in aging: behavioral et neurobiological correlates. Neurobiol. Aging *10*, 31-43.

201. Martinez-Serrano,A. et Bjorklund,A. (1998). Ex vivo nerve growth factor gene transfer to the basal forebrain in presymptomatic middle-aged rats prevents the development of cholinergic neuron atrophy et cognitive impairment during aging. Proc. Natl. Acad. Sci. U. S. A. *95*, 1858-1863.

202. Martinez-Serrano,A., Fischer,W. et Bjorklund,A. (1995). Reversal of age-dependent cognitive impairments et cholinergic neuron atrophy by NGF-secreting neural progenitors grafted to the basal forebrain. Neuron *15*, 473-484.

203. Martinou,J. C., Le Van,T. A., Valette,A. et Weber,M. J. (1990). Transforming growth factor beta 1 is a potent survival factor for rat embryo motoneurons in culture. Brain Res. Dev Brain Res. *52*, 175-181.

204. Massague,J. (2000). How cells read TGF-beta signals. Nat. Rev. Mol. Cell Biol. *1*, 169-178.

205. Mathur,C., Prasad,V. V., Raju,V. S., Welch,M. et Lieberman,S. (1993). Steroids et their conjugates in the mammalian brain. Proc. Natl Acad. Sci. U. S. A *90*, 85-88.

206. Mattson,M. P. (2004). Pathways towards et away from Alzheimer's disease. Nature *430*, 631-639.

207. Matus,A. (1988). Microtubule-associated proteins: their potential role in determining neuronal morphology. Annu. Rev. Neurosci. *11:29-44.*, 29-44.

208. Mayo,W., Dellu,F., Robel,P., Cherkaoui,J., Le Moal,M., Baulieu,E. E. et Simon,H. (1993). Infusion of neurosteroids into the nucleus basalis magnocellularis affects cognitive processes in the rat. Brain Res. *607*, 324-328.

209. Mazzoni,G., Gori,S., Formicola,G., Gneri,C., Massetani,R., Murri,L. et Salzarulo,P. (1999). Word recall correlates with sleep cycles in elderly subjects. J. Sleep Res. *8*, 185-188.

210. McEntee,W. J. et Crook,T. H. (1990). Age-associated memory impairment: a role for catecholamines. Neurology *40*, 526-530.

211. McGaughy,J. et Sarter,M. (1995). Behavioral vigilance in rats: task validation et effects of age, amphetamine et benzodiazepine receptor ligands. Psychopharmacology (Berl) *117*, 340-357.

212. McKeith,I. G., Galasko,D., Kosaka,K., Perry,E. K., Dickson,D. W., Hansen,L. A., Salmon,D. P., Lowe,J., Mirra,S. S., Byrne,E. J., Lennox,G., Quinn,N. P., Edwardson,J. A., Ince,P. G., Bergeron,C., Burns,A., Miller,B. L., Lovestone,S., Collerton,D., Jansen,E. N., Ballard,C., de Vos,R. A., Wilcock,G. K., Jellinger,K. A. et Perry,R. H. (1996). Consensus guidelines for the clinical et pathologic diagnosis of dementia with Lewy bodies (DLB): report of the consortium on DLB international workshop. Neurology *47*, 1113-1124.

213. McKinney,M., Williams,K., Personett,D., Kent,C., Bryan,D., Gonzalez,J. et Baskerville,K. (2004). Pontine cholinergic neurons depend on three neuroprotection systems to resist nitrosative stress. Brain Res. *1002*, 100-109.

214. Melcangi,R. C., Celotti,F., Ballabio,M., Poletti,A. et Martini,L. (1990). Testosterone metabolism in peripheral nerves: presence of the 5 alpha-reductase-3 alpha-hydroxysteroid-dehydrogenase enzymatic system in the sciatic nerve of adult et aged rats. J. Steroid Biochem. *35*, 145-148.

215. Mellon,S. H. et Deschepper,C. F. (1993). Neurosteroid biosynthesis: genes for adrenal steroidogenic enzymes are expressed in the brain. Brain Res. *629*, 283-292.

216. Mellon,S. H. et Griffin,L. D. (2002). Synthesis, regulation et function of neurosteroids. Endocr. Res. *28*, 463.

217. Mellon,S. H., Griffin,L. D. et Compagnone,N. A. (2001a). Biosynthesis et action of neurosteroids. International Meeting report on Steroids et nervous system *78*, 7-8. (Turin).

218. Mellon,S. H., Griffin,L. D. et Compagnone,N. A. (2001b). Biosynthesis et action of neurosteroids. Brain Res. Rev. *37*, 3-12.

219. Mendelson,W. B. et Bergmann,B. M. (1999). EEG delta power during sleep in young et old rats. Neurobiol. Aging *20*, 669-673.

220. Mesulam,M. M., Mufson,E. J., Wainer,B. H. et Levey,A. I. (1983). Central cholinergic pathways in the rat: an overview based on an alternative nomenclature (Ch1-Ch6). Neuroscience *10*, 1185-1201.

221. Mignot,E., Taheri,S. et Nishino,S. (2002). Sleeping with the hypothalamus: emerging therapeutic targets for sleep disorders. Nat. Neurosci. *5 Suppl:1071-5.*, 1071-1075.

222. Miyazono,K., Hellman,U., Wernstedt,C. et Heldin,C. H. (1988). Latent high molecular weight complex of transforming growth factor beta 1. Purification from human platelets et structural characterization. J. Biol. Chem. *263*, 6407-6415.

223. Mogi,M., Harada,M., Kondo,T., Narabayashi,H., Riederer,P. et Nagatsu,T. (1995). Transforming growth factor-beta 1 levels are elevated in the striatum et in ventricular cerebrospinal fluid in Parkinson's disease. Neurosci. Lett. *193*, 129-132.

224. Montplaisir,J., Petit,D., Decary,A., Masson,H., Bedard,M. A., Panisset,M., Remillard,G. et Gauthier,S. (1997). Sleep et quantitative EEG in patients with progressive supranuclear palsy. Neurology *49*, 999-1003.

225. Moore,S. C., Shaw,M. A. et Soderberg,L. S. (1992). Transforming growth factor-beta is the major mediator of natural suppressor cells derived from normal bone marrow. J. Leukoc. Biol. *52*, 596-601.

226. Morilak,D. A. et Ciaranello,R. D. (1993). 5-HT2 receptor immunoreactivity on cholinergic neurons of the pontomesencephalic tegmentum shown by double immunofluorescence. Brain Res. *627*, 49-54.

227. Morilak,D. A., Garlow,S. J. et Ciaranello,R. D. (1993). Immunocytochemical localization et description of neurons expressing serotonin2 receptors in the rat brain. Neuroscience *54*, 701-717.

228. Morita,K., Kuwada,A., Fujihara,H., Morita,Y. et Sei,H. (2002). Influence of sleep disturbance on steroid 5alpha-reductase mRNA levels in rat brain. Neuroscience *115*, 341-348.

229. Morita,N., Takumi,T. et Kiyama,H. (1996). Distinct localization of two serine-threonine kinase receptors for activin et TGF-beta in the rat brain et down-regulation of type I activin receptor during peripheral nerve regeneration. Brain Res. Mol. Brain Res. *42*, 263-271.

230. Morley,J. E., Kaiser,F., Raum,W. J., Perry,H. M., III, Flood,J. F., Jensen,J., Silver,A. J. et Roberts,E. (1997). Potentially predictive et manipulable blood serum correlates of

aging in the healthy human male: progressive decreases in bioavailable testosterone, dehydroepiandrosterone sulfate et the ratio of insulin-like growth factor 1 to growth hormone. Proc. Natl Acad. Sci. U. S. A *94*, 7537-7542.

231. Muir,J. L., Fischer,W. et Bjorklund,A. (1999). Decline in visual attention et spatial memory in aged rats. Neurobiol. Aging *20*, 605-615.

232. Murakami,K., Fellous,A., Baulieu,E. E. et Robel,P. (2000). Pregnenolone binds to microtubule-associated protein 2 et stimulates microtubule assembly. Proc. Natl. Acad. Sci. U. S. A. *97*, 3579-3584.

233. Myers,B. L. et Badia,P. (1995). Changes in circadian rhythms et sleep quality with aging: mechanisms et interventions. Neurosci. Biobehav. Rev. *19*, 553-571.

234. Nakao,A., Afrakhte,M., Moren,A., Nakayama,T., Christian,J. L., Heuchel,R., Itoh,S., Kawabata,M., Heldin,N. E., Heldin,C. H. et Ten Dijke,P. (1997). Identification of Smad7, a TGFbeta-inducible antagonist of TGF-beta signalling. Nature *389*, 631-635.

235. Nantermet,P. V., Xu,J., Yu,Y., Hodor,P., Holder,D., Adamski,S., Gentile,M. A., Kimmel,D. B., Harada,S., Gerhold,D., Freedman,L. P. et Ray,W. J. (2004). Identification of genetic pathways activated by the androgen receptor during the induction of proliferation in the ventral prostate gland. J. Biol. Chem. *279*, 1310-1322.

236. Nicholson,C. et Sykova,E. (1998). Extracellular space structure revealed by diffusion analysis. Trends Neurosci. *21*, 207-215.

237. Nicolas,F. J., De Bosscher,K., Schmierer,B. et Hill,C. S. (2004). Analysis of Smad nucleocytoplasmic shuttling in living cells. J. Cell Sci. *117*, 4113-4125.

238. Nicole,O., Ali,C., Docagne,F., Plawinski,L., MacKenzie,E. T., Vivien,D. et Buisson,A. (2001). Neuroprotection mediated by glial cell line-derived neurotrophic factor: involvement of a reduction of NMDA-induced calcium influx by the mitogen-activated protein kinase pathway. J. Neurosci. *21*, 3024-3033.

239. Nicolle,M. M. et Baxter,M. G. (2003). Glutamate receptor binding in the frontal cortex et dorsal striatum of aged rats with impaired attentional set-shifting. European J. Neurosci. *18*, 3335-3342.

240. Niu,Y., Xu,Y., Zhang,J., Bai,J., Yang,H. et Ma,T. (2001). Proliferation et differentiation of prostatic stromal cells. BJU. Int. *87*, 386-393.

241. O'Brien,J. et Levy,R. (1992). Age associated memory impairment. BMJ. *304*, 913-914.

242. Oft,M., Heider,K. H. et Beug,H. (1998). TGFbeta signaling is necessary for carcinoma cell invasiveness et metastasis. Curr. Biol. *8*, 1243-1252.

243. Ohayon,M. M. et Vecchierini,M. F. (2002). Daytime sleepiness et cognitive impairment in the elderly population. Arch. Intern. Med. *162*, 201-208.

244. Ohrstrom,E. (2002). Sleep Studies Before et After - Results et Comparison of Different Methods. Noise. Health *4*, 65-67.

245. Pace-Schott,E. F. et Hobson,J. A. (2002). The neurobiology of sleep: genetics, cellular physiology et subcortical networks. Nat. Rev. Neurosci. *3*, 591-605.

246. Pandi-Perumal,S. R., Seils,L. K., Kayumov,L., Ralph,M. R., Lowe,A., Moller,H. et Swaab,D. F. (2002). Senescence, sleep et circadian rhythms. Ageing Res. Rev. *1*, 559-604.

247. Pang,S. T., Dillner,K., Wu,X., Pousette,A., Norstedt,G. et Flores-Morales,A. (2002). Gene Expression Profiling of Androgen Deficiency Predicts a Pathway of Prostate Apoptosis that Involves Genes Related to Oxidative Stress. Endocrinology *143*, 4897-4906.

248. Parkin,A. J. (1993). Implicit memory across the lifespan. In Implicit memory: New directions in cognition , development et neuropsychology, P. Graf et M. E. J. Masson, eds. (Hillsdale: NJ: Erlbaum), pp. 191-206.

249. Patte-Mensah,C., Kappes,V., Freund-Mercier,M. J., Tsutsui,K. et Mensah-Nyagan,A. G. (2003). Cellular distribution et bioactivity of the key steroidogenic enzyme, cytochrome P450side chain cleavage, in sensory neural pathways. J. Neurochem. *86*, 1233-1246.

250. Peress,N. S. et Perillo,E. (1995). Differential expression of TGF-beta 1, 2 et 3 isotypes in Alzheimer's disease: a comparative immunohistochemical study with cerebral infarction, aged human et mouse control brains. J. Neuropathol. Exp. Neurol. *54*, 802-811.

251. Perry,E., Court,J., Goodchild,R., Griffiths,M., Jaros,E., Johnson,M., Lloyd,S., Piggott,M., Spurden,D., Ballard,C., McKeith,I. et Perry,R. (1998). Clinical neurochemistry: developments in dementia research based on brain bank material. J. Neural Transm. *105*, 915-933.

252. Perry,E., Walker,M., Grace,J. et Perry,R. (1999). Acetylcholine in mind: a neurotransmitter correlate of consciousness?. Trends Neurosci. *22*, 273-280.

253. Petersen,R. C. (2003). Mild cognitive impairment clinical trials. Nat. Rev. Drug Discov. *2*, 646-653.

254. Petersen,R. C., Doody,R., Kurz,A., Mohs,R. C., Morris,J. C., Rabins,P. V., Ritchie,K., Rossor,M., Thal,L. et Winblad,B. (2001). Current concepts in mild cognitive impairment. Arch. Neurol. *58*, 1985-1992.

255. Price,M. D. et Sisodia,P. (1994). Cellular et molecular biology of Alzheimer's disease et animal models. Annual Review of Medicine *45*, 435-446.

256. Prinz,P. N. (1977). Sleep patterns in the healthy aged: relathionship with intellectual function. J. Gerontol. *32*, 179-186.

257. Prinz,P. N., Peskind,E. R., Vitaliano,P. P., Raskind,M. A., Eisdorfer,C., Zemcuznikov,N. et Gerber,C. J. (1982). Changes in the sleep et waking EEGs of nondemented et demented elderly subjects. J. Am Geriatr. Soc. *30*, 86-93.

258. Purdy,R. H., Morrow,A. L., Moore,P. H., Jr. et Paul,S. M. (1991). Stress-induced elevations of gamma-aminobutyric acid type A receptor-active steroids in the rat brain. Proc. Natl Acad. Sci. U. S. A 88, 4553-4557.

259. Ransmayr,G., Faucheux,B., Nowakowski,C., Kubis,N., Federspiel,S., Kaufmann,W., Henin,D., Hauw,J. J., Agid,Y. et Hirsch,E. C. (2000). Age-related changes of neuronal counts in the human pedunculopontine nucleus. Neurosci. Lett. 288, 195-198.

260. Rapp,P. R. et Amaral,D. G. (1992). Individual differences in the cognitive et neurobiological consequences of normal aging. Trends Neurosci. 15, 340-345.

261. Raz,N., Gunning-Dixon,F. M., Head,D., Dupuis,J. H. et Acker,J. D. (1998). Neuroanatomical correlates of cognitive aging: evidence from structural magnetic resonance imaging. Neuropsychology. 12, 95-114.

262. Rechtschaffen,A. et Kales,A. (1968). A manual of standardized terminology, techniques et scoring system for sleep stages of human subjects. (Washington : Washington Public Health Serv).

263. Reiner,P. B. et Vincent,S. R. (1987). Topographic relations of cholinergic et noradrenergic neurons in the feline pontomesencephalic tegmentum: an immunohistochemical study. Brain Res. Bull. 19, 705-714.

264. Reynolds,C. F., III, Monk,T. H., Hoch,C. C., Jennings,J. R., Buysse,D. J., Houck,P. R., Jarrett,D. B. et Kupfer,D. J. (1991). Electroencephalographic sleep in the healthy "old old": a comparison with the "young old" in visually scored et automated measures. J. Gerontol. 46, M39-M46.

265. Reynolds,C. F., III, Spiker,D. G., Hanin,I. et Kupfer,D. J. (1983). Electroencephalographic sleep, aging et psychopathology: new data et state of the art. Biol. Psychiatry 18, 139-155.

266. Richards,M., Touchon,J., Ledesert,B. et Richie,K. (1999). Cognitive decline in ageing: are AAMI et AACD distinct entities? Int. J. Geriatr. Psychiatry 14, 534-540.

267. Ritchie,K., Artero,S. et Touchon,J. (2001). Classification criteria for mild cognitive impairment: a population-based validation study. Neurology 56, 37-42.

268. Robel,P., Bourreau,E., Corpechot,C., Dang,D. C., Halberg,F., Clarke,C., Haug,M., Schlegel,M. L., Synguelakis,M., Vourch,C. et . (1987). Neuro-steroids: 3 beta-hydroxy-delta 5-derivatives in rat et monkey brain. J. Steroid Biochem. 27, 649-655.

269. Rodrigue,K. M. et Raz,N. (2004b). Shrinkage of the entorhinal cortex over five years predicts memory performance in healthy adults. J. Neurosci. 24, 956-963.

270. Rodrigue,K. M. et Raz,N. (2004a). Shrinkage of the entorhinal cortex over five years predicts memory performance in healthy adults. J. Neurosci. 24, 956-963.

271. Rogers,W. A. et Fisk,A. D. (1991). Age-related differences in the maintenance et modification of automatic processes: arithmetic Stroop interference. Hum. Factors 33, 45-56.

272. Rosenberg,R. S., Zepelin,H. et Rechtschaffen,A. (1979). Sleep in young et old rats. J. Gerontol. *34*, 525-532.

273. Rupprecht,R., Hauser,C. A., Trapp,T. et Holsboer,F. (1996). Neurosteroids: molecular mechanisms of action et psychopharmacological significance. J. Steroid Biochem. Mol. Biol. *56*, 163-168.

274. Rupprecht,R. et Holsboer,F. (1999). Neuroactive steroids: mechanisms of action et neuropsychopharmacological perspectives [see comments]. Trends Neurosci. *22*, 410-416.

275. Rye,D. B. (1997). Contributions of the pedunculopontine region to normal et altered REM sleep. Sleep *20*, 757-788.

276. Rye,D. B., Saper,C. B., Lee,H. J. et Wainer,B. H. (1987). Pedunculopontine tegmental nucleus of the rat: cytoarchitecture, cytochemistry et some extrapyramidal connections of the mesopontine tegmentum. J. Comp. Neurol. *259*, 483-528.

277. Sakamoto,H., Mezaki,Y., Shikimi,H., Ukena,K. et Tsutsui,K. (2003). Dendritic growth et spine formation in response to estrogen in the developing Purkinje cell. Endocrinology *144*, 4466-4477.

278. Sanford,L. D., Tejani-Butt,S. M., Ross,R. J. et Morrison,A. R. (1996). Elicited PGO waves in rats: lack of 5-HT1A inhibition in putative pontine generator region. Pharmacol. Biochem. Behav. *53*, 323-327.

279. Sarter,M. et Bruno,J. P. (2000). Cortical cholinergic inputs mediating arousal, attentional processing et dreaming: differential afferent regulation of the basal forebrain by telencephalic et brainstem afferents. Neuroscience *95*, 933-952.

280. Sarter,M. et Turchi,J. (2002). Age- et dementia-associated impairments in divided attention: psychological constructs, animal models et underlying neuronal mechanisms. Dem. Geriatr. Cogn. Dis. *13*, 46-58.

281. Satorra-Marin,N., Coll-Andreu,M., Portell-Cortes,I., Aldavert-Vera,L. et Morgado-Bernal,I. (2001). Impairment of two-way active avoidance after pedunculopontine tegmental nucleus lesions: effects of conditioned stimulus duration. Behav. Brain Res. *118*, 1-9.

282. Schenck,C. H., Garcia-Rill,E., Skinner,R. D., Anderson,M. L. et Mahowald,M. W. (1996). A case of REM sleep behavior disorder with autopsy-confirmed Alzheimer's disease: postmortem brain stem histochemical analyses. Biol. Psychiatry *40*, 422-425.

283. Schlageter,K. E., Molnar,P., Lapin,G. D. et Groothuis,D. R. (1999). Microvessel organization et structure in experimental brain tumors: microvessel populations with distinctive structural et functional properties. Microvasc. Res. *58*, 312-328.

284. Schroder,J., Kratz,B., Pantel,J., Minnemann,E., Lehr,U. et Sauer,H. (1998). Prevalence of mild cognitive impairment in an elderly community sample. J. Neural. Transm. Suppl. *54:51-9.*, 51-59.

285. Schumacher,M., Weill-Engerer,S., Liere,P., Robert,F., Franklin,R. J., Garcia-Segura,L. M., Lambert,J. J., Mayo,W., Melcangi,R. C., Parducz,A., Suter,U., Carelli,C., Baulieu,E. E. et Akwa,Y. (2003). Steroid hormones et neurosteroids in normal et pathological aging of the nervous system. Prog. Neurobiol. *71*, 3-29.

286. Selkoe,D. J. et Podlisny,M. B. (2002). Deciphering the genetic basis of Alzheimer's disease. Ann. Rev. Genom. Hum. Genet. *3*, 67-99.

287. Semba,K., Reiner,P. B. et Fibiger,H. C. (1990). Single cholinergic mesopontine tegmental neurons project to both the pontine reticular formation et the thalamus in the rat. Neuroscience *38*, 643-654.

288. Semba,K., Reiner,P. B., McGeer,E. G. et Fibiger,H. C. (1988). Brainstem afferents to the magnocellular basal forebrain studied by axonal transport, immunohistochemistry et electrophysiology in the rat. J. Comp. Neurol. *267*, 433-453.

289. Serafin,M., Khateb,A. et Muhlethaler,M. (1990). Opiates inhibit pedunculopontine neurones in guinea pig brainstem slices. Neurosci. Lett. *119*, 125-128.

290. Shi,Y. et Massague,J. (2003). Mechanisms of TGF-beta signaling from cell membrane to the nucleus. Cell *113*, 685-700.

291. Shibuya,K., Takata,N., Hojo,Y., Furukawa,A., Yasumatsu,N., Kimoto,T., Enami,T., Suzuki,K., Tanabe,N. et Ishii,H. (2003). Hippocampal cytochrome P450s synthesize brain neurosteroids which are paracrine neuromodulators of synaptic signal transduction. Biochimica et Biophysica Acta (BBA) - General Subjects *1619*, 301-316.

292. Shouse,M. N. et Siegel,J. M. (1992). Pontine regulation of REM sleep components in cats: integrity of the pedunculopontine tegmentum (PPT) is important for phasic events but unnecessary for atonia during REM sleep. Brain Res. *571*, 50-63.

293. Shu,H. J., Eisenman,L. N., Jinadasa,D., Covey,D. F., Zorumski,C. F. et Mennerick,S. (2004). Slow Actions of Neuroactive Steroids at GABAA Receptors. J. Neurosci. *24*, 6667-6675.

294. Shughrue,P. J., Lane,M. V. et Merchenthaler,I. (1997). Comparative distribution of estrogen receptor-alpha et -beta mRNA in the rat central nervous system. J. Comp. Neurol. *388*, 507-525.

295. Shughrue,P. J. et Merchenthaler,I. (2001). Distribution of estrogen receptor beta immunoreactivity in the rat central nervous system. J. Comp. Neurol. *436*, 64-81.

296. Siegel,J. M. (2001). The REM sleep-memory consolidation hypothesis. Science *294*, 1058-1063.

297. Silvers,J. M., Tokunaga,S., Berry,R. B., White,A. M. et Matthews,D. B. (2003). Impairments in spatial learning et memory: ethanol, allopregnanolone et the hippocampus. Brain Res. Rev. *43*, 275-284.

298. Sjogren,M., Folkesson,S., Blennow,K. et Tarkowski,E. (2004). Increased intrathecal inflammatory activity in frontotemporal dementia: pathophysiological implications. J. Neurol. Neurosurg. Psychiatry *75*, 1107-1111.

299. Skaggs,W. E. et McNaughton,B. L. (1996). Replay of neuronal firing sequences in rat hippocampus during sleep following spatial experience. Science *271*, 1870-1873.

300. Smith,C. (1996). Sleep states, memory processes et synaptic plasticity. Behav. Brain Res. *78*, 49-56.

301. Smith,D. E., Rapp,P. R., McKay,H. M., Roberts,J. A. et Tuszynski,M. H. (2004). Memory Impairment in Aged Primates Is Associated with Focal Death of Cortical Neurons et Atrophy of Subcortical Neurons. J. Neurosci. *24*, 4373-4381.

302. Smith,G., Ivnik,R. J., Petersen,R. C., Malec,J. F., Kokmen,E. et Tangalos,E. (1991). Age-associated memory impairment diagnoses: problems of reliability et concerns for terminology. Psychol. Aging *6*, 551-558.

303. Soininen,H. S., Partanen,K., Pitkanen,A., Vainio,P., Hanninen,T., Hallikainen,M., Koivisto,K. et Riekkinen,P. J., Sr. (1994). Volumetric MRI analysis of the amygdala et the hippocampus in subjects with age-associated memory impairment: correlation to visual et verbal memory. Neurology *44*, 1660-1668.

304. Squire,L. R. (1998). Memory systems. C. R. Acad. Sci. III *321*, 153-156.

305. Squire,L. et Zola,S. (1996). Structure et function of declarative et nondeclarative memoryásystems. Proc. Natl. Acad. Sci. U. S. A. *93*, 13515-13522.

306. Steckelbroeck,S., Nassen,A., Ugele,B., Ludwig,M., Watzka,M., Reissinger,A., Clusmann,H., Lutjohann,D., Siekmann,L., Klingmuller,D. et Hans,V. H. (2004). Steroid sulfatase (STS) expression in the human temporal lobe: enzyme activity, mRNA expression et immunohistochemistry study. J. Neurochem. *89*, 403-417.

307. Steckelbroeck,S., Watzka,M., Reissinger,A., Wegener-Toper,P., Bidlingmaier,F., Bliesener,N., Hans,V. H., Clusmann,H., Ludwig,M., Siekmann,L. et Klingmuller,D. (2003). Characterisation of estrogenic 17beta-hydroxysteroid dehydrogenase (17beta-HSD) activity in the human brain. J. Steroid Biochem. Mol. Biol. *86*, 79-92.

308. Steckelbroeck,S., Watzka,M., Stoffel-Wagner,B., Hans,V. H., Redel,L., Clusmann,H., Elger,C. E., Bidlingmaier,F. et Klingmuller,D. (2001). Expression of the 17beta-hydroxysteroid dehydrogenase type 5 mRNA in the human brain. Mol. Cell Endocrinol. *171*, 165-168.

309. Steckler,T., Inglis,W., Winn,P. et Sahgal,A. (1994). The pedunculopontine tegmental nucleus: a role in cognitive processes? Brain Res. Brain Res. Rev. *19*, 298-318.

310. Steiger,A., Trachsel,L., Guldner,J., Hemmeter,U., Rothe,B., Rupprecht,R., Vedder,H. et Holsboer,F. (1993). Neurosteroid pregnenolone induces sleep-EEG changes in man compatible with inverse agonistic GABAA-receptor modulation. Brain Res. *615*, 267-274.

311. Steriade,M. (1992). Basic mechanisms of sleep generation. Neurology *42*, 9-17.

312. Steriade,M., Datta,S., Pare,D., Oakson,G. et Curro Dossi,R. C. (1990). Neuronal activities in brain-stem cholinergic nuclei related to tonic activation processes in thalamocortical systems. J. Neurosci. *10*, 2541-2559.

313. Sternbach,H. (1998). Age-Associated Testosterone Decline in Men: Clinical Issues for Psychiatry. Am. J. Psychiatr. *155*, 1310-1318.

314. Stickgold,R., Hobson,J. A., Fosse,R. et Fosse,M. (2001). Sleep, learning et dreams: off-line memory reprocessing. Science *294*, 1052-1057.

315. Stickgold,R. et Walker,M. (2004). To sleep, perchance to gain creative insight? Trends Cogn. Sci. *8*, 191-192.

316. Stoffel-Wagner,B., Beyenburg,S., Watzka,M., Blumcke,I., Bauer,J., Schramm,J., Bidlingmaier,F. et Elger,C. E. (2000). Expression of 5alpha-reductase et 3alpha-hydroxisteroid oxidoreductase in the hippocampus of patients with chronic temporal lobe epilepsy. Epilepsia *41*, 140-147.

317. Stone,J., Morin,C. M., Hart,R. P., Remsberg,S. et Mercer,J. (1994). Neuropsychological functioning in older insomniacs with or without obstructive sleep apnea. Psychol. Aging *9*, 231-236.

318. Stone,W. S. (1989). Sleep et aging in animals. Relationships with circadian rhythms et memory. Clin Geriatr. Med. *5*, 363-379.

319. Stone,W. S., Altman,H. J., Berman,R. F., Caldwell,D. F. et Kilbey,M. M. (1989). Association of sleep parameters et memory in intact old rats et young rats with lesions in the nucleus basalis magnocellularis. Behav. Neurosci. *103*, 755-764.

320. Stone,W. S., Rudd,R. J., Parsons,M. W. et Gold,P. E. (1997). Memory scores in middle-aged rats predict later deficits in memory, paradoxical sleep et blood glucose regulation in old age. Exp. Aging Res. *23*, 287-300.

321. Stroessner-Johnson,H. M., Rapp,P. R. et Amaral,D. G. (1992). Cholinergic cell loss et hypertrophy in the medial septal nucleus of the behaviorally characterized aged rhesus monkey. J. Neurosci. *12*, 1936-1944.

322. Stromstedt,M. et Waterman,M. R. (1995). Messenger RNAs encoding steroidogenic enzymes are expressed in rodent brain. Brain Res. Mol. Brain Res. *34*, 75-88.

323. Stuerenburg,H. J., Fries,U., Iglauer,F. et Kunze,K. (1997). Effect of age on synthesis of the GABAergic steroids 5-alpha-pregnane-3,20-dione et 5-alpha-pregnane-3-alpha-ol-20-one in rat cortex in vitro. J. Neural Transm. *104*, 249-257.

324. Sullivan,E. V., Marsh,L., Mathalon,D. H., Lim,K. O. et Pfefferbaum,A. (1995). Age-related decline in MRI volumes of temporal lobe gray matter but not hippocampus. Neurobiol. Aging *16*, 591-606.

325. Sweeney,J. A., Rosano,C., Berman,R. A. et Luna,B. (2001). Inhibitory control of attention declines more than working memory during normal aging. Neurobiol. Aging *22*, 39-47.

326. Tapp,W. N. et Holloway,F. A. (1981). Phase shifting circadian rhythms produces retrograde amnesia. Science *211*, 1056-1058.

327. Tarkowski,E., Issa,R., Sjogren,M., Wallin,A., Blennow,K., Tarkowski,A. et Kumar,P. (2002). Increased intrathecal levels of the angiogenic factors VEGF et TGF-beta in Alzheimer's disease et vascular dementia. Neurobiol. Aging *23*, 237-243.

328. Taylor,C. L., Kozak,R., Latimer,M. P. et Winn,P. (2004). Effects of changing reward on performance of the delayed spatial win-shift radial maze task in pedunculopontine tegmental nucleus lesioned rats. Behav.l Brain Res. *153*, 431-438.

329. Ten Dijke,P., Hansen,P., Iwata,K. K., Pieler,C. et Foulkes,J. G. (1988). Identification of another member of the transforming growth factor type beta gene family. Proc. Natl Acad. Sci. U. S. A *85*, 4715-4719.

330. Ten Dijke,P. et Hill,C. S. (2004). New insights into TGF-beta-Smad signalling. Trends Biochem. Sci. *29*, 265-273.

331. Thannickal,V. J. et Fanburg,B. L. (1995). Activation of an H2O2-generating NADH oxidase in human lung fibroblasts by transforming growth factor beta 1. J. Biol. Chem. *270*, 30334-30338.

332. Torres,J. M., Sanchez,P. et Ortega,E. (2004). Quantitation of mRNA levels of steroid 5[alpha]-reductase isozymes in the rat brain by "one-step" RT-PCR et capillary electrophoresis. J. Neurosci. Methods *136*, 105-110.

333. Tulving,E. (1987). Multiple memory systems et consciousness. Hum. Neurobiol. *6*, 67-80.

334. Turchi,J., Holley,L. A. et Sarter,M. (1996). Effects of benzodiazepine receptor inverse agonists et nicotine on behavioral vigilance in senescent rats. J. Gerontol. A Biol. Sci. Med. Sci. *51*, B225-B231.

335. Turkmen,S., Lundgren,P., Birzniece,V., Zingmark,E., Backstrom,T. et Johansson,I. M. (2004). 3beta-20beta-dihydroxy-5alpha- pregnane (UC1011) antagonism of the GABA potentiation et the learning impairment induced in rats by allopregnanolone. European J. Neurosci. *20*, 1604-1612.

336. Unverzagt,F. W., Gao,S., Baiyewu,O., Ogunniyi,A. O., Gureje,O., Perkins,A., Emsley,C. L., Dickens,J., Evans,R., Musick,B., Hall,K. S., Hui,S. L. et Hendrie,H. C. (2001). Prevalence of cognitive impairment: data from the Indianapolis Study of Health et Aging. Neurology *57*, 1655-1662.

337. Vallée,M., Mayo,W., Koob,G. F. et Le Moal,M. (2001). Neurosteroids in learning et memory processes. Int. Rev. Neurobiol. *46:273-320.*, 273-320.

338. Vallée,M., Rivera,J. D., Koob,G. F., Purdy,R. H. et Fitzgerald,R. L. (2000). Quantification of neurosteroids in rat plasma et brain following swim stress et allopregnanolone administration using negative chemical ionization gas chromatography/mass spectrometry. Anal. Biochem. *287*, 153-166.

339. Vallée,M., Mayo,W., Darnaudéry,M., Corpechot,C., Young,J., Koehl,M., Le Moal,M., Baulieu,E. E., Robel,P. et Simon,H. (1997). Neurosteroids: deficient cognitive performance in aged rats depends on low pregnenolone sulfate levels in the hippocampus. Proc. Natl. Acad. Sci. U. S. A. *94*, 14865-14870.

340. Vallée,M., Mayo,W. et Le Moal,M. (2001). Role of pregnenolone, dehydroepiandrosterone et their sulfate esters on learning et memory in cognitive aging. Brain Res. Rev. *37*, 301-312.

341. Van der Wal,E. A., Gomez-Pinilla,F. et Cotman,C. W. (1993). Transforming growth factor-beta 1 is in plaques in Alzheimer et Down pathologies. Neuroreport *4*, 69-72.

342. Van Someren,E. J. (2000). Circadian rhythms et sleep in human aging. Chronobiol. Int. *17*, 233-243.

343. Vawter,M. P., Dillon-Carter,O., Tourtellotte,W. W., Carvey,P. et Freed,W. J. (1996). TGF[beta]1 et TGF[beta]2 Concentrations Are Elevated in Parkinson's Disease in Ventricular Cerebrospinal Fluid. Experimental Neurology *142*, 313-322.

344. Verhaeghen,P. et Cerella,J. (2002). Aging, executive control et attention: a review of meta-analyses. Neurosci. Biobehav. Rev. *26*, 849-857.

345. Vertes,R. P. (2004). Memory consolidation in sleep; dream or reality. Neuron *44*, 135-148.

346. Vignola,A., Lamoureux,C., Bastien,C. H. et Morin,C. M. (2000). Effects of chronic insomnia et use of benzodiazepines on daytime performance in older adults. J. Gerontol. B. Psychol. Sci. Soc. Sci. *55*, 54-62.

347. Vilaro,M. T., Palacios,J. M. et Mengod,G. (1994). Multiplicity of muscarinic autoreceptor subtypes? Comparison of the distribution of cholinergic cells et cells containing mRNA for five subtypes of muscarinic receptors in the rat brain. Brain Res. Mol. Brain Res. *21*, 30-46.

348. Vilaro,M. T., Wiederhold,K. H., Palacios,J. M. et Mengod,G. (1992). Muscarinic M2 receptor mRNA expression et receptor binding in cholinergic et non-cholinergic cells in the rat brain: a correlative study using in situ hybridization histochemistry et receptor autoradiography. Neuroscience *47*, 367-393.

349. Vodovotz,Y. (1997). Control of Nitric Oxide Production by Transforming Growth Factor-[beta]1: Mechanistic Insights et Potential Relevance to Human Disease. Nitric Oxide *1*, 3-17.

350. Wahe,M., Antonipillai,I. et Horton,R. (1993). Effects of transforming growth factor beta et epidermal growth factor on steroid 5 alpha-reductase activity in genital skin fibroblasts. Mol. Cell Endocrinol. *98*, 55-59.

351. Walker,M. P. et Stickgold,R. (2004). Sleep-dependent learning et memory consolidation. Neuron *44*, 121-133.

352. Wang,M. D., Wahlstrom,G. et Backstrom,T. (1997). The regional brain distribution of the neurosteroids pregnenolone et pregnenolone sulfate following intravenous infusion. J. Steroid Biochem. Mol. Biol. *62*, 299-306.

353. Wang,X. F., Lin,H. Y., Ng-Eaton,E., Downward,J., Lodish,H. F. et Weinberg,R. A. (1991). Expression cloning et characterization of the TGF-beta type III receptor. Cell *67*, 797-805.

354. Wauquier,A. (1993). Aging et changes in phasic events during sleep. Physiol. Behav. *54*, 803-806.

355. Webster,H. H. et Jones,B. E. (1988). Neurotoxic lesions of the dorsolateral pontomesencephalic tegmentum-cholinergic cell area in the cat. II. Effects upon sleep-waking states. Brain Res. *458*, 285-302.

356. White,N. M. et McDonald,R. J. (2002). Multiple parallel memory systems in the brain of the rat. Neurobiol. Learn. Mem. *77*, 125-184.

357. Wikstrom,P., Westin,P., Stattin,P., Damber,J. E. et Bergh,A. (1999). Early castration-induced upregulation of transforming growth factor beta1 et its receptors is associated with tumor cell apoptosis et a major decline in serum prostate-specific antigen in prostate cancer patients. Prostate *38*, 268-277.

358. Wilson,M. A. et McNaughton,B. L. (1994). Reactivation of hippocampal ensemble memories during sleep. Science *265*, 676-679.

359. Wiltgen,B. J., Brown,R. A., Talton,L. E. et Silva,A. J. (2004). New circuits for old memories; the role of the neocortex in consolidation. Neuron *44*, 101-108.

360. Winn,P., Brown,V. J. et Inglis,W. L. (1997). On the relationships between the striatum et the pedunculopontine tegmental nucleus. Crit. Rev. Neurobiol. *11*, 241-261.

361. Wolthers,B. G. et Kraan,G. P. (1999). Clinical applications of gas chromatography et gas chromatography-mass spectrometry of steroids. J. Chromatogr. A *843*, 247-274.

362. Woolf,N. J., Gould,E. et Butcher,L. L. (1989a). Nerve growth factor receptor is associated with cholinergic neurons of the basal forebrain but not the pontomesencephalon. Neuroscience *30*, 143-152.

363. Woolf,N. J., Jacobs,R. W. et Butcher,L. L. (1989b). The pontomesencephalotegmental cholinergic system does not degenerate in Alzheimer's disease. Neurosci. Lett. *96*, 277-282.

364. Wrana,J. L., Attisano,L., Carcamo,J., Zentella,A., Doody,J., Laiho,M., Wang,X. F. et Massague,J. (1992). TGF beta signals through a heteromeric protein kinase receptor complex. Cell *71*, 1003-1014.

365. Wyss-Coray,T., Masliah,E., Mallory,M., McConlogue,L., Johnson-Wood,K., Lin,C. et Mucke,L. (1997). Amyloidogenic role of cytokine TGF-beta1 in transgenic mice et in Alzheimer's disease. Nature *389*, 603-606.

366. Wyss-Coray,T., Yan,F., Lin,A. H., Lambris,J. D., Alexander,J. J., Quigg,R. J. et Masliah,E. (2002). Prominent neurodegeneration et increased plaque formation in complement-inhibited Alzheimer's mice. Proc. Natl. Acad. Sci. U. S. A. *99*, 10837-10842.

367. Xie,G., Gunn,R. N., Dagher,A., Daloze,T., Plourde,G., Backman,S. B., Diksic,M. et Fiset,P. (2004). PET quantification of muscarinic cholinergic receptors with [N-11C-methyl]-benztropine et application to studies of propofol-induced unconsciousness in healthy human volunteers. Synapse *51*, 91-101.

368. Xu,H. Z., Liu,S. Z. et Xia,X. B. (2002). mRNA expression of transforming growth factor-beta 1 in the cornea after photorefractive keratectomy in rabbits. Hunan. Yi. Ke. Da. Xue. Xue. Bao. *27*, 23-25.

369. Yeshurun,Y. et Carrasco,M. (1998). Attention improves or impairs visual performance by enhancing spatial resolution. Nature *396*, 72-75.

370. Yoshida,S., Lin,L. P., Chen,Z. L., Momota,Y., Kato,K., Tanaka,T., Wanaka,A. et Shiosaka,S. (1994). Basal magnocellular et pontine cholinergic neurons coexpress FGF receptor mRNA. Neurosci. Res. *20*, 35-42.

371. Zweig,R. M., Whitehouse,P. J., Casanova,M. F., Walker,L. C., Jankel,W. R. et Price,D. L. (1987). Loss of pedunculopontine neurons in progressive supranuclear palsy. Ann. Neurol. 22, 18-25.

Age-related sleep-dependent memory impairments: demonstration of a pontine cholinergic system's pathology

ABSTRACT

Very little is known about the origins of mild memory deficits such as age-associated memory impairments. It has been suggested that multiple, distinct factors can cause these memory declines. Among these factors, sleep disorders have been frequently evoked in light of their high prevalence in the aged population.

Taking advantage of a relevant animal model, we investigated the pathophysiological mechanisms of age-related sleep dependent memory impairments at a behavioral, structural and molecular level. Our results demonstrated that in some aged subjects, age-related spatial memory impairments were secondary to alterations of the sleep/wake circadian rhythm resulting in a specific fragmentation of slow wave sleep. We show that subjects with sleep dependent memory impairments also exhibited a specific degeneration of cholinergic neurons in the pedunculopontine nucleus, a structure involved in the regulation of sleep and cognitive functions. Finally, we demonstrated that two pathways involved in the regulation of the PPT (namely regulation by neurosteroids and transforming growth factor β) are also altered.

Taken together these results indicate that "age-related sleep dependent memory impairments" could be a new class of age-related memory impairments and suggest that a degeneration of the pedunculopontine nucleus involving a dysregulation of neurosteroids and transforming growth factor β pathways could be a pathophysiological mechanism for these deficits.

Keywords: acetylcholine, aging, circadian rhythm, memory, neurosteroids, pedunculopontine nucleus, rat ,sleep, trophic factors,

INSERM U.588, Physiopathologie du Comportement
Institut François Magendie. 1, rue Camille Saint-Saëns
33077 Bordeaux Cedex

Troubles de la mémoire liés au sommeil au cours du vieillissement : mise en évidence d'une pathologie du système cholinergique pontique

RESUME

Les origines des troubles mnésiques non démentiels observés au cours du vieillissement sont peu connus. Ces troubles pourraient résulter de l'altération primaire d'autres fonctions neuropsychologiques, et en particulier, les troubles du sommeil, en raison de leur forte prévalence dans la population âgée et de l'implication du sommeil dans la consolidation de la mémoire.

L'objectif de ce travail de thèse était de mettre en évidence, chez le rongeur, une liaison physiopathologique entre les altérations du cycle veille-sommeil liées à l'âge et les altérations mnésiques, par des approches comportementales, électrophysiologiques, anatomiques et moléculaires. Les principaux résultats de ce travail démontrent que 33% à 66% des troubles de la mémoire explicite liés à l'âge sont explicables par l'altération primaire du cycle veille-sommeil. Nous montrons également que ces altérations sont associées à une fragmentation du sommeil lent et à une dégénérescence des neurones cholinergiques du noyau pédonculopontin du tegmentum (PPT). Enfin, Au niveau moléculaire nous avons mis en évidence que deux mécanismes de régulation du PPT, la voie de synthèse des neurostéroïdes et la voie du transforming growth factor β (TGFβ) sont également altérées.

En conclusion, ces résultats montrent pour la première fois l'existence d'une liaison physiopathologique entre les altérations du cycle veille-sommeil liées à l'âge et les altérations de la mémoire explicite. Cette liaison aurait comme base neuropathologique la dégénérescence spécifique des neurones cholinergiques du PPT qui dépendrait à la fois d'une atteinte de la voie TGFβ et de la stéroïdogenèse centrale.

Mots clés : acétylcholine, facteurs trophiques, mémoire, neurostéroïdes, noyau pédonculopontin, rat, rythme circadien, sommeil, vieillissement.

INSERM U.588, Physiopathologie du Comportement
Institut François Magendie. 1, rue Camille Saint-Saëns
33077 Bordeaux Cedex

www.ingramcontent.com/pod-product-compliance
Lightning Source LLC
Chambersburg PA
CBHW021049210326
41598CB00016B/1152